台灣 附生植物

徐嘉君 余勝焜 ——— 著

與

Formosan vascular epiphytes
and their habitats

它們的產地

Part I　台灣的附生植物 <small>徐嘉君</small>

Part II　附生植物與生活 <small>徐嘉君</small>

Part III **到哪裡找附生植物？** 徐嘉君

Part IV **台灣附生蘭選介** 余勝焜

跨越附生植物知識的鴻溝

許天銓

我們與附生植物的距離很接近，也很遙遠。

鹿角蕨，黃金葛，蝴蝶蘭，空氣鳳梨，鵝掌藤。從骨灰級的庭園草花到最新潮的文青小物，附生植物的百變形貌已然充斥於生活周遭。然而，當我們好奇它們何以擁有如此特出的形態特徵與適應能力，卻無法從瑟縮於花盆或木板內的植物們得到完整解答。鹿角蕨作為一種植物為何卻長出「鹿角」與「猴腦」？空氣鳳梨何以成為植物界的布魯斯威利（終極警探）？蘭花瑰豔珍綺的花朵，又是為誰而綻放？欲探究附生植物的生命奧祕，唯有回歸它們的原鄉，觀察伴生生物間共存共榮的景致，進而體會其安身立命於極端之境的歷程與脈絡。然而，附生植物或隱身於雲深之境，或挺拔於絕崖之巔，或攀附於巨木之梢，縱使來到它們的棲所，往往只能痴痴仰望，難以貼近細察其生態的面貌。

現在，《台灣附生植物與它們的產地》兩位作者以無比的行動力、專注及堅持，將這片土地上附生植物的林林總總，豁然開展於讀者面前。徐嘉君 aka 找樹的人，為了量測一棵樹，重裝遠征踏遍中央山脈杳無人跡核心地帶；余勝焜 aka 蘭界無人不曉的余大哥，為了拍攝一朵花，視千里舟車勞頓、跋山涉水、樹頂攀行如家常便飯。我有幸曾與作者共同經歷野地調查種種驚險與精采時刻，深知本書照片與文字紀實背後體力、精神與時間的無盡付出，筆墨難以形容；但另一方面，在目標達成——無論是預期或非預期——的那一刻，胸口湧現的悸動更是永難忘懷，也總能成為下一次踏入山林的原動力。在此書展現的

成果，相信也代表作者們苦痛與喜悅交織而成的深刻經驗與體悟。

　　本書最可惜之處在於篇幅限制，使余大哥僅能擷取其 30 載山林奔走，萬千影像蒐藏中的菁華一隅，縮限於狹小的版面框架中。即便如此，完整清晰的貼身紀實依然盡展台灣原生蘭中附生類群的豐富面貌：巨木枝梢捲瓣蘭的撩亂身世，熱帶林冠暫花蘭的驚鴻一遇，霧鎖山頭細花絨蘭的遺失美好，海之彼端姬蝴蝶蘭的美麗哀愁，紛紛躍然紙上。精采的生態照片之外，各物種棲息環境與賞花時節的詳實記載，更是往昔文獻未曾完整述及，難能可貴的第一手資料。

　　作者與我皆有所感：台灣野地的附生植物相正在衰退。儘管許多園藝化的附生植物具備強大的環境適應能力，更多的原生類群對於棲地狀態有著嚴苛需求。也因此，它們的存在即是森林環境的健康指標，而它們的消失不僅是多樣性的減損，同時也代表氣候變遷與生態崩潰的警訊。唯一慶幸的是，它們恣意繁盛的姿態已留下了紀錄。本書不僅只是附生植物的引介與圖鑑，而是藉這群林間隱士的視角，書寫的一段台灣自然歷史。

本文作者為林業試驗所研究助理

拿望遠鏡遜掉了：攀上大樹公寓與附生住戶的戶口普查

楊智凱

　　2007 年 6 月，臺大《實驗林研究報告》第 21 卷第 2 期 161-180 頁刊載了一篇台灣的維管束附生植物綜論。這篇文章是徐嘉君寫的學術評論，不難看出她已經進行許多文獻爬梳、標本考究及野外觀察，研究結果顯示台灣的附生植物有 341 種。其中，蘭科植物是台灣附生植物種類的第一大科，其次是分屬於不同科別的蕨類植物，若把蕨類植物加總起來則占了附生植物總數的一半。上述這段話讀起來像是研究報告，但必須提，也必須寫在前。

　　2013 年 11 月《國家地理》雜誌以全世界最大的樹——加州紅杉國家公園巨木群為封面，記錄科學家攀上樹幹進行生態調查。那期雜誌給了許多進行森林生態研究者的新視野，樹上繽紛的生物多樣性種類顛覆了我對於附著在大樹上房客的異次元想像。2017 年 12 月《國家地理》雜誌出現了撞到月亮的樹——台灣杉三姊妹，由澳洲團隊來臺拍攝東亞最高的樹。封面上的兩位人物，一位是陪伴嘉君抱樹的丈夫，我猜想他可能抱樹的時間多過抱嘉君吧；另外一位是嘉君的學妹藍永翔，後來到美國奧勒岡州立大學取得博士，成為樹冠層生態的研究新銳。隨後幾年，樹種同樣是台灣杉的桃山神木 79.1 公尺、卡阿郎巨木約 82 公尺及大安溪倚天劍 84.1 公尺都一再刷新學者對於台灣樹木高度的臨界值，

同時也超過中國學者在藏南發現的黃果冷杉 83.4 公尺。上述這些都是嘉君及龐大的優秀團隊所付出的努力。2021 年嘉君出版了《找樹的人：一個植物學者的東亞巨木追尋之旅》，之後陸續舉辦多場免費的攀樹教育活動。我曾帶著家人前往福山植物園追星，那天攀的是長尾栲，嘉君與她的優秀團隊彷彿九天玄女從 2,600 英呎（當時桃山神木 79.1 m，約略是 2,600 英呎）降落到我們面前，透過她的解說，小朋友到大人皆眼睛大張。感謝仙女願意下凡來傳遞教育。

　　某天我再次收到嘉君仙女的訊息，她又要出書了，這次是跟余勝焜老師合著，從大樹（房東）討論到住客百態，由科學視角出發，論述台灣附生植物是研究的天堂，進入山林所面臨的危險與發現都是如此重要，點出了台灣擁有全世界少見的霧林帶，因而孕育出適合附生植物生存的環境。這些內容的門檻看起來很高，嘉君卻同時告訴我們附生植物一直都在身旁，從餐桌上的山蘇及胡椒、島上特產愛玉、熱帶森林的豬籠草及點綴生活的空氣鳳梨等，看來附生植物就是生活的一部分。本書的後半段將顛覆各位對於蘭科的想像，大量的精美生態照真實呈現附生蘭科植物與它的產地，許多照片中的主角在這幾年已無見蹤影，更顯示出這本書的價值。

　　過去我會透過望遠鏡癡癡望著大樹上的綠色植物，可惜現在機會較少，這本書出版後，我想我又要低頭一陣子了。

本文作者為國立屏東科技大學森林系助理教授

更多推薦

　　大自然的驚奇、造物者的神來之筆，植物殿堂中特有的附生植物是大自然的瑰寶，依附在大樹上的各種蘭花、蕨類、苔蘚，將大自然妝點得更加繽紛。台灣蘭花超過 400 種，附生蘭花就像是大自然中的精靈，在野外不經意的一瞬間，就會被這些美麗的附生蘭花給吸引。而在此書中每一種蘭花美麗身影，就如同身處大自然一般，帶出了作者深不可測的野外經驗、觀察與豐富的蘭花知識，展現了作者對於原生蘭花的執著與熱愛。

─────中山大學生物科學系特聘教授　江友中

　　在台灣野生蘭愛好者的口中，余勝焜先生是傳奇人物。在他 20 多年的野外探查過程，幾乎觀察記錄過絕大多數的台灣野生蘭。猶記得和余先生初次見面，即是在陽明山的赤箭原生境巧遇；而這些年來，在我進行台灣蘭科植物的生態與菌根真菌研究上，余先生總是不吝分享許多寶貴的資料與經驗，使我獲益良多。在台灣潮濕森林的樹冠層孕育了許多附生植物，而蘭科植物為其中的大家族之一；余先生在本書分享 164 種附生蘭的美麗生態照片與深入觀察紀錄，對於各個附生蘭的形態特徵有詳細描述，相信對於台灣野生蘭愛好者或是研究者，都是不可多得的參考資料。

─────臺灣大學生命科學系副教授　李勇毅

余勝焜先生在過去 25 年不停地穿梭於台灣五大山系，逐漸成為最有經驗最有心得的野生蘭愛好者，發現的新植物不計其數。本書收錄的附生蘭約有 164 種，此與《台灣蘭科植物圖譜》（林讚標 2022）台灣附生蘭有 157 種旗鼓相當，相當完整。本書特別強調個別種的植物體與花部特徵，生態與分布上的觀察紀錄，配合眾多美麗生動的圖片，希望增進大眾對野生蘭的興趣與了解。各位蘭友，這本書適合你靜下心來不受干擾優哉游哉地走入余勝焜所建構的附生蘭世界，身歷其境。

————臺灣大學植物科學研究所名譽教授　林讚標

（依姓氏筆畫排列）

聆聽一首附生植物
與森林共譜的協奏曲

徐嘉君

研究超過 20 年的附生植物，寫這本書的感覺就好像是在寫情書給自己一樣。

在前一本書《找樹的人》我曾經提過，開始對附生植物入迷，且一頭栽進附生植物的研究之中，其原因我自己都不甚明瞭，回顧起來，甚至可以說有點超自然的力量存在，好像冥冥之中我就是要研究附生植物一樣。

第一次注意到附生植物，是大學時跟成大登山社到多納的鬼斧神宮峽谷溯溪。在橫渡深潭時，我從潭面撈起一片浮在水面的豆蘭，那時甚至不知道這是一種蘭花，只覺得長得好可愛，帶回家用蛇木板培植起來，當時的男友、現在的老公，還問我為什麼帶一片檳榔回家（笑）。

直到進入臺大植物所，第一次與蕨類研究室的學長姊一起進入福山植物園，看到森林裡滿滿的附生植物景象，才知道我在高雄深山溪谷裡撿到的是從樹上掉下來的附生植物。

回到研究室我躲進圖書館找資料，自然而然我就知道 epiphyte 這個關鍵字是我在福山看到那些長在樹上的植物。但國內相關研究很少，其實當時其它國家的相關研究也不多。附生植物在森林生態系和植物學界都屬冷門。

然而越深入附生植物的研究，我發現它們在森林生態系裡看似渺小，卻有不可抹滅的重要生態功能。況且全世界目前有十分之一的維管束植物是附生植物，考慮到森林樹冠層的環境不易親近，應該還有很多不為人知的物種。更別

提生長在原始森林的附生植物，因為近代熱帶地區的大面積開發而快速消失，很可能在被發現命名前就絕種了。

我在 2008 年因為寶島喜普鞋蘭的調查認識余勝焜大哥，從此一起尋訪野生蘭的世界超過 15 年。余大哥對我來說亦師亦友，是我這些年來探索台灣山林的好夥伴，這次很榮幸能跟余大哥一起出書，為這 10 多年來的山中緣分立下一個里程碑。

也是因為研究附生植物的關係，我踏入了巨木樹冠層的探索之路，發現另一片迷人的風景。我覺得研究巨木和附生植物，有如極大和極小，巨觀和微觀的對比，看似相互衝突，卻有共通的生態意義。我很感謝冥冥之中的自然之神賦予我這個任務（大心）。

最後我要強調一點，我跟余大哥都是入山賞蘭派，所以本書的附生植物都是在原生地拍攝，沒有一株植物因為本書出版而被破壞喔。

我最大的目標，就是
在原生地拍到開花照片

余勝焜

　　我並非植物相關科係畢業，寫蘭花的書對我來說是不務正業，但我是在鄉下長大，從小就對植物有興趣，並因地利或工作之便，能接觸到許多花花草草，造就對植物具有敏銳的觀察力，如在遠距離就要識別稻或稗以拔除稗，這對後來我觀察蘭花具有很大的優勢，能觀察到被許多人忽略的特徵及特性，而這些特徵及特性對種的分辨是很有幫助的。本書中就常披露這些特徵及特性，讓讀者很快就能認識兩種或多種相似種蘭花的區別。

　　本人最大的目標就是在原生地拍攝到開花照片。從事蘭科植物野外觀察約 20 年，已拍攝到大部分原生蘭的原生地開花照，僅有少數物種未能在原生地拍攝到開花照。有些物種的開花照在我拍照後就消失了，例如細花絨蘭、白花羊耳蒜，因此本書中有些照片是十分寶貴的，可能以後再也無法拍到了。

　　要到原生地拍到開花照，比在平地拍到花要困難數倍，因為有些蘭花是一日花，早上開花，下午就閉合了，需要到原生地才能知道開花了沒。剛開始時比較無經驗，無法從花苞外形判斷開花的時間，因此有些花要跑數趟才能拍到花，例如高士佛風蘭我跑了近 10 趟才拍到花。有些花是在外島才有，如蘭嶼及小蘭嶼，尤其是小蘭嶼，算是外島的外島，需要包船才能前往，又沒有碼頭，船無法靠岸，需游泳才能上岸到島上拍攝桃紅蝴蝶蘭，所以我常說拍攝原生蘭需要上山下海一點也不為過。又，有些附生蘭長在數十公尺的大樹上，除非大

樹倒下又開花，不然長鏡頭無法拍到蘭花的詳細特徵，只有爬到樹上才能用理想的角度拍攝到清晰的照片及特徵，本書內多種高位附生的蘭花都是我親自爬到樹上所拍攝。

　　本書蘭科植物方面是以圖鑑方式呈現，有關蘭花特徵大多是以自然觀察的角度所描述，同時配有特徵的細部照片，再加上相似種蘭花間的不同特徵說明，很容易就能了解相似種間之區隔。除了特徵，本書還有生育環境的介紹以及花期的描述，讓讀者可以在正確的時間前往正確的環境賞花。目前有些花期紀錄是自原生地採回溫室栽培開花的紀錄，因為生育環境及氣候的改變或沉船理論的實現（植物以為受到威脅所以趕快開花），使其在不是正常開花期間開花，導致花期有出入，會誤導賞花人在非花期上山賞花，浪費寶貴的時間及金錢。

　　20 年以前，野外的原生蘭數量很多，甚至有些地方蘭科植物比非蘭科植物還多，最令人痛心的是，20 年來野生蘭科植物的植株數量直線下降，有些地方的數量減少九成以上，甚或已經滅絕，本書限於篇幅，無法詳細介紹其原因。雖然減少的原因與氣候變遷及野生動物增加大有關係，但人為影響亦不可忽視。近年來，對野生蘭花有興趣的人越來越多，而這些新興的愛蘭族中難免有少數採摘行為或移地種植的行為及剪除花序的行為。或是因為賞蘭人士眾多，在賞蘭的同時，踩踏行為造成棲地的破壞。這些行為均會雪上加霜，在此呼籲，賞蘭盡量不要造成蘭花的破壞。

PART I　山地霧林能攔截雨霧，提升森林的涵水能力。

台灣有超過 350 種維管束附生植物，
如果連非維管束附生植物，
如苔蘚和藻類也包含進來的話，
恐怕三天三夜也介紹不完，
更別說樹冠層的其他生物，
如真菌、地衣和藍綠藻了。
一起來了解附生植物的定義和生態特性、
台灣維管束附生植物的特色，
以及分布的地理區域及森林型態。

台灣的
附生植物

長在扁柏樹冠層的一葉蘭，
在台灣廣泛分布，是演化很
成功的附生植物。

附生植物是什麼？
可以吃嗎？

很多人問過我，附生植物會不會危害宿主樹木？

這就要從附生植物的定義談起。所謂的附生植物，指的是那些萌發在宿主樹木上，生活史的全部或部分時期生長在森林樹冠層、不與地面接觸的植物生態群。

讀起來有點不像中文？

用科學的語言來說，附生植物（epiphyte）讓人感覺非常疏遠，彷彿是生活在不同星球的生物。然而我敢保證你一定看過附生植物，甚至還跟它們很熟。

總之以白話文來說，附生植物就是住在樹上的植物，但不一定只會在森林裡看到，也不一定要跑到深山才看得到。不過有些附生植物的確是讓我吃盡苦頭才見

1 常附生在樹冠層的地衣，
　其實是藻菌共生的生物，
　不是附生植物。
2 真菌類也能常在樹上發
　現，被誤認為附生植物。
3 無根藤雖然有葉綠素，但
　會將自己的維管束入侵宿
　主，屬於寄生植物。

到它的廬山真面目呢。

附生植物於科學上的定義是附著在樹上的植物，然而生物學並沒有所謂的定律（不像物理學，生物界存在著很多變異與例外，所以沒有定律），附生植物當然也有許多例外，有些附生植物可以同時在樹上或岩石上發現，自然界也存在著許多介於嚴謹的附生植物與地生植物之間的中間型物種。但原則上，附生植物不是寄生植物，意即附生植物可以自行光合作用來維持生長，不需要從附生的樹木身上吸取養分。

據統計全世界約有將近二萬八千種維管束附生植物，佔所有維管束植物的9％。雖然有這麼多千奇百怪的附生植物，它在分類上其實是個封閉的小團體，有將近80％的附生植物都隸屬於四大植物科分類群，分別是：鳳梨科（Bromeliaceae）、蘭科（Orchidaceae）、水龍骨科（Polypodiaceae），以及天南星科（Araceae）。

又如前述，附生植物有很多例外狀況，所以植物學家嘗試根據它們的生活史分為下述幾類：

1. 真附生植物（holo-epiphyte or True epiphyte）：只能生活在附生環境裡的植物，整體族群以及生活史全程都在空中進行，未與地面接觸的植物。

2. 半附生植物（Hemi-epiphyte）：生活史的某一階段與地面有聯繫，根據聯繫發生的階段，又可以分為：

   （1）初級半附生植物（Primary hemi-epiphyte）：幼苗萌發於宿主植物樹皮上，生活史的前半段屬於附生植物，在長成之後，根部會漸漸伸入地面土壤中，成為地生植物。最著名的是熱帶地區的榕屬植物（Ficus spp.），這些植物長成以後會以莖部纏勒宿主使其窒息而死，又稱為纏勒植物。

   （2）次級半附生植物（Secondary hemi-epiphyte）：生活史的初期是地生植物，種子萌發於地表土壤之中，藉氣根攀緣宿主，待長成之後，與地面聯繫的根部常會老朽腐爛，而成為真正的附生植物。許多天南星科的攀緣植物都屬於這類生活型，如苧藤、龜背芋等等。

3. 兼性附生植物（Facultative epiphytes）：某些種類的植物其部分族群個體是附生植物，而其餘個體亦可生長於如邊坡、岩壁、倒木等具有淺薄土壤的地生環境中，稱為兼性附生，例如台灣一葉蘭。

4　附生植物能利用走莖無性繁殖，在樹冠層
　　拓展立體的生存空間。

5　台灣常春藤分布在中海拔，是次級半附生
　　植物。

6　一葉蘭是兼性附生植物，常在岩壁上形成
　　大片族群。

7　很多岩生植物小時候也會長到樹上，圖為
　　石灰岩生的天長烏毛蕨。

8　雀榕是纏勒植物（初級半附生）。

9

10

9 附生植物的種子多半很細小，從樹冠層
  飄散，傳播遠處。
10 綠花寶石蘭有肥厚的假球莖，能適應樹
  冠層時而乾燥的環境。
11 附生植物多半有肥厚的組織來貯水，圖
  為開花的長果藤。
12 若仔細觀察，會發現很多附生植物分布
  在不適合植物生長的棲地，生命力很
  強。圖片中長在在鋼纜上的苔蘚，是比
  較原始的非維管束附生植物。

前述的附生植物是針對較為進化的維管束附生植物，體內有專門運輸水分與養分的維管束組織。而在森林樹冠層可能發現的附生植物，其實還有比較原始的非維管束附生植物，以苔蘚及藻類為主，則不在本書介紹的範圍。

　　為什麼這些植物不腳踏實地，偏要住在沒水喝又沒土壤固著的半空中呢？其實在茂密的熱帶或亞熱帶潮濕森林中，植物之間的競爭十分激烈，為了爭取得來不易的陽光和生長空間，有些植物只好遷居到高高的樹上。而為了彌補無法從地面獲得水分與養分的缺憾，附生植物發展出種種截留空氣中水分及養分的技巧，在型態及生理上演化出一套構造來適應空中生活，例如鳥巢狀的型態來截留降雨、海綿般的組織來儲存水分、肥厚多汁的假球莖來儲存水分和養分、葉片表面的絨毛或鱗片來吸附水氣及防止水分蒸發等等。某些附生植物更發展出景天代謝型的光合作用機制，這是一種類似沙漠裡仙人掌的光合作用方式，於夜間冷涼時才打開氣孔吸收二氧化碳，以減少水分蒸發。

　　此外許多附生植物利用攀爬的走莖無性繁殖、擴展分布範圍，附生植物的種子多半十分細小，採用人海戰術，於樹冠層高處大量隨風傳播，若有幸找到合適的宿主及棲地，便可茁壯生長。總而言之，要在無法穩定供應水分及養分的樹冠層生存，附生植物得加倍努力才行。

　　看到這裡，你是否也對這群爬高高的附生植物產生一些好奇心了呢？跟著我一起進入附生植物的祕密生活吧。

繁茂的附生植物可以穩定
樹冠層的微氣候。

為什麼要研究
台灣的附生植物？

　　台灣雖然是個小小海島，附生植物卻很豐富。根據我的統計，維管束附生植物將近 350 種，以蕨類為大宗，約佔了一半的物種；其次是附生蘭花，大概佔三分之一。除了維管束附生植物，非維管束附生植物如苔蘚及藻類，屬於較原始的分類，相關的研究更少。其他生長在森林樹冠層上、容易跟附生植物混淆的生物，還有地衣、真菌和藍綠藻等等。隨著樹冠層研究的深入，我相信未來還會發現更多附生植物的新物種。

　　根據我在 2008 年的研究統計，在《臺灣植物誌》第二版所記錄的 4,077 種原生維管束植物中，有 341 種（24 科，108 屬）附生植物，約佔 8.4%，其中有 11 種只分布在蘭嶼與綠島。

　　學者估計全世界附生植物約佔植物界的 10%，台灣潮濕多雨、山地森林面積覆蓋度高，附生植物比例竟略低於世界平均，我推測可能是因為有頻繁的颱風，對附生植物及附生植物生長的樹冠層產生干擾。生活在樹上可是一點都不輕鬆啊！

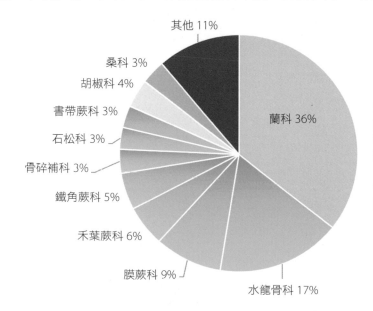

台灣維管束附生植物種類最多的前 10 個科，藍色為蘭科（佔 36%），綠色為蕨類（佔 50%），其他物種只佔全部附生植物的 15% 左右。

進一步統計台灣的維管束附生植物、物種數排名前十名的科（圖1），以及所包含的物種數和比例，蕨類植物有171種，其次是蘭科植物（124種），物種數排名前十個科即包含89％的物種，有53個屬只包含一個附生植物種，而含超過10種以上附生植物的屬只佔全體的5％。由此可知，台灣的附生植物和全球狀況一樣都集中於少數分類群，也就是說，只有少數分類群能成功適應樹冠層環境。

　　而台灣不愧是蕨類之島，竟然有將近800種蕨類，也因此在台灣將近350種維管束附生植物中，將近一半是蕨類植物，其中水龍骨科（57種）以及其近緣種、同一個目的骨碎補科（11種）蕨類植物，就佔了全台灣附生植物的兩成，稱之為樹冠層的人生勝利組一點也不為過。

　　至於蕨類植物為何能如此成功適應樹冠層的生態環境呢？我歸納有幾個原因：首先蕨類用孢子繁殖，孢子細小，位於樹冠層高處的環境能夠隨風飄散很遠的距離，有利於拓展領域；此外多數蕨類植物有長長的走莖，能夠不受重力限制在樹冠層攀爬、自在分布於立體空間中，也比較不怕颱風掃落植株。

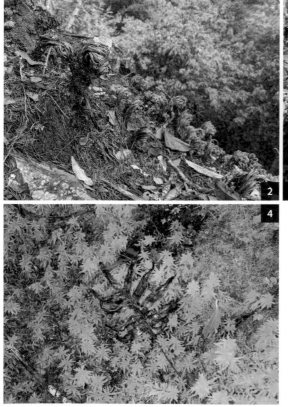

1　本書後半部介紹的附生蘭佔台灣維
　　管束附生植物種類三分之一以上。
2　很多附生蕨類都能忍受長期在水分
　　極低的環境，甚至在細胞喪失將近
　　90％水分的情形下，復水後仍可恢
　　復活力，如圖中的萬年松。
3　凹葉越橘有塊莖組織貯藏水分，以
　　因應樹冠層不時乾燥的環境。
4　落葉度冬的大葉玉山莿蕨。

另外很多附生蕨類能夠長期忍受水分極低的環境，甚至在細胞喪失將近90％水分情形下，復水後仍可恢復活力，而且蕨類的孢子具有休眠能力，能忍受乾燥的樹冠層環境一段時間，靜待潮濕季節再生長。最後，某些蕨類在冬季寒冷的霜降季節會落葉以走莖的形式來度過寒冬，有些則在葉片上長出特化的絨毛或鱗片來禦寒或避免失水，某些分布在潮濕霧林帶的蕨類，例如膜蕨科植物，則能從單層細胞的葉片直接吸收空氣中的水分。看到這裡，你應該也覺得這些附生蕨類很有一套吧。

雖然附生植物本身發展出很多特性來適應樹冠層環境，但其實裸露在空氣中的附生植物對環境條件的變化格外敏感。北歐國家常藉由觀測地衣及苔蘚來獲得空氣汙染程度的數據，也因此可以做為氣候變遷的指標植物。

此外，那些在樹冠層繁茂的附生植物，也有穩定樹冠層、甚至整座森林微氣候的作用，可以說大樹與附生植物共同為森林生物創造了一個宜居的環境，是維繫森林生物多樣性的關鍵族群。雖然依賴森林樹木提供棲地，附生植物本身也在樹冠層提供豐富多樣的棲息環境，如東南亞雨林的蟻生植物，這類附生植物與螞蟻發展出奇妙的共生關係，它們的根或莖膨大，內部有腔室甚至分泌蜜汁，提供螞蟻食物及居住的地方，而蟻群則提供保護服務；知名例子還有南美洲的附生鳳梨和樹冠層兩棲類的共生關係，附生鳳梨葉片中央的貯水池，提供了樹棲兩生類的棲息場所及食物來源；台灣的鳥巢狀附生蕨類，例如山蘇，學者也發現在其中棲息了多采多姿的無脊椎生物，我甚至觀察到鳥類及猴子利用來棲息呢。

因此，我們可以藉由附生植物與森林樹冠層的研究，深入探索台灣森林生物的多樣性，並進一步瞭解森林生態系的特色。

5 台灣杉巨木的樹皮上可以看到飛鼠留下來的小小爪痕。
6 在樹冠層活動的飛鼠排遺為附生蘭提供養分。
7 樹冠層的附生植物與大樹一同創造棲地。圖中是台灣杉巨木上飛鼠的遊戲場。
8 許多歐美國家利用附生的地衣來監測空氣中的汙染物變化。
9 研究人員為了瞭解氣候變遷對樹冠層微氣候的影響，在大樹上設立氣象站收集氣候資料。

若以巨人的視角來看，霧氣
是呈現帶狀環繞在山坡上，
所以稱為霧林帶。

台灣是
研究附生植物
的天堂

　　全世界大部分的維管束附生植物幾
乎只分布在熱帶的潮濕區域，台灣擁有
潮濕溫暖的海島型氣候，且位於熱帶和
亞熱帶交界，冬季少有降雪，特別適
合根系裸露、怕冷的附生植物在樹冠層
生長。其次，台灣擁有大面積山區，在
與潮溼海風的交互作用加乘之下，中海
拔區域有大面積帶狀的山地霧林，特徵
是每天週期性的雲霧，以及充滿附生植
物的森林樹冠層。在中美洲的山地霧林
區，附生植物的種類甚至可以佔全部植
物的三分之一以上。

　　從海岸吹來的潮濕空氣沿著山地爬升
之後，由於溫度下降，而形成濃厚雲霧
帶。霧氣通常在中午過後生成，縈繞森
林，若以巨人的視角來看，霧氣呈現帶
狀環繞在山坡上，所以稱為霧林帶。

　　全世界只有1%的森林可以稱之為霧
林，重要的山地霧林分布區域為中南美
洲、東非、婆羅洲和新幾內亞。台灣面
積雖小卻擁有極為豐富的山地霧林分
布，過去廣布台灣的檜木林更是難得的

生態瑰寶。

　　根據我的研究，山地霧林因為週期霧氣縈繞，微氣候變化相對穩定。過去於雪山北稜的中海拔樣區，年平均日溫差竟不到攝氏 4 度，比低海拔還小。穩定的氣候條件孕育了許多對氣候條件波動敏感的物種，包含樹木、兩爬動物、附生植物及昆蟲，分布面積狹窄，創造出物種隔離的環境。因此有一說，位於島嶼上的山地霧林，是「島中之島」（islands on islands），特有種比率非常高，許多物種只能生存在這樣的環境中，族群小，分布也十分狹隘。

　　島中之島的霧林帶，在台灣由南至北不同，通常位於海拔 1,200 至 2,500 之間的山區。相對於三千公尺以上的高海拔山區，岳界常將這塊山域稱之為中級山。

因此在台灣研究附生植物，不能不出入中級山。本書的第三章記錄了我多年來的中級山探勘行程，可以看到許多不同樣貌的山地霧林，及其特有的附生植物種類。我可以自豪地說，能在台灣研究附生植物是非常幸運的一件事。

　　山地霧林擁有獨特的水文特性，可以攔截雨霧，在乾季保存二倍以上的降水量，雨季也能增加10％的森林蓄水量，對水土涵養十分重要。然而資料顯示氣候變遷有可能使雲霧帶生成高度上升，進而造成現有霧林帶乾旱，也可能影響降雨型式。我近年來在棲蘭鴛鴦湖山區的研究，便遇上宜蘭百年難得一見的大旱，影響珍貴的台灣一葉蘭族群生長。只能期待透過本書發表，使民眾了解台灣所擁有的珍貴霧林生態系，以及保育的重要性。

5

6

1　由海岸吹來的潮濕空氣在沿著山地爬升之後，由於溫度下降，而形成濃厚雲霧帶。
2　山地霧林的特徵是每天週期性的雲霧。
3　霧林帶孕育了許多對氣候條件波動敏感的物種。
4　山地霧林因為週期霧氣縈繞，微氣候變化相對穩定。
5　廣布台灣的檜木林是難得的生態瑰寶。
6　日本屋久島的森林是世界遺產，電影《魔法公主》便是在屋久島取景。其實台灣全島都有類似的森林。

PART **II** 生長在扁柏樹冠層苔蘚包的一葉蘭。

乍聽之下附生植物是一個艱澀的植物學專有名詞，
其實它與我們的食衣住行、吃喝玩樂息息相關，
一起來探索吧！

附生植物
與生活

種在檳榔園下層的
山蘇，亦有防止暴
雨沖刷的效果。

山蘇

　　說到可以吃的附生植物，本土排名第一的就是山蘇（鳥巢蕨）啦。如果說台灣人都是吃山蘇長大的好像有點過於誇大，但是全世界像台灣這樣把山蘇入菜的，可能絕無僅有，跟另外一種附生植物——愛玉，有著異曲同工之妙，是道地的台灣特色。

　　不過，身為吃貨的台灣人不可不知，台灣的山蘇可不只有一種，而且連味道都有差異呢！看完以下的介紹以後，保證你以後點菜時會更充滿感情，咀嚼起山蘇葉片更有滋有味。

台灣的原生山蘇

　　地處熱帶亞熱帶交界且多山的台灣島，氣候溫暖潮濕，非常適合山蘇生長。在從平地一直到海拔將近 2,000 公尺，都可以看到山蘇。台灣的山蘇其實不只一種，有主要分布在東部地區的東洋山蘇（*Asplenium setoi*），中低海拔區域的台灣山蘇（*Asplenium nidus*），到幾乎分布全島，從低到高海拔都可見的山蘇（*Asplenium antiquum*）。要分辨這三個物種，主要可以根據葉部形態、基部鱗片，以

及孢子分布的形式來區別（表一），只不過棲地經常重疊的山蘇與台灣山蘇，不難發現雜交種，也常見個體巨大的多倍體，所以要在野外細分，即便是專家，有時也是有點難度。以下以山蘇概括敘述這三個物種。

物種	東洋山蘇	台灣山蘇	山蘇
分布	東部低海拔	全台灣 1,200 公尺以下	全台灣低海拔至海拔 2,000 公尺左右
葉部形態	葉部寬大，邊緣波浪狀，葉脈中肋突起	葉部寬大，邊緣波浪狀，葉脈中肋沒有突起	葉片較為細長，邊緣較不呈波浪狀
鱗片	基部鱗片細碎	基部鱗片細碎	基部鱗片三角形
孢子囊長度	孢子囊長度較短	孢子囊長度較短	孢子囊延伸至葉緣
風味	味較不苦	味苦	味道變化大

在森林生態系裡的角色

走入台灣中低海拔的楠櫧林，樹冠層布滿山蘇的景象實在令人愉悅不已。山蘇尤其喜歡長在樟科喬木身上，苗栗泰安鄉雪山坑林道的山蘇林，便是電影《賽德克巴萊》作戰畫面中經典的場景，看著身背弓箭、驍勇善戰的原住民，以山蘇作為掩蔽藏身之處、激烈作戰的畫面，全世界大概很難找到可以比擬的場面。

山蘇作為戰鬥的掩蔽物或許是導演的浪漫想像，但山蘇在台灣森林生態系裡的角色，可能比你想像的來得重要許多。在植物地理學上，我們會把中南美洲的熱帶區域稱為新熱帶（neotropics），而把亞洲和非洲的熱帶區域稱為舊熱帶（paleotropics），主要是以植物分類學家在這些區域活動的年代來粗略劃分。而形似鳥巢狀、也因而得名的山蘇，便是主要分布在舊熱帶亞洲的大型附生蕨類，在婆羅洲的雨林裡，甚至能夠長到直徑超過四公尺，大概也只有神雕級的巨鳥需要這麼大的鳥巢。

1 東洋山蘇凸起的中肋與葉片基部的細碎鱗片。
2 山蘇延伸至夜元的孢子囊與葉基三角形鱗片。
3 台灣山蘇較短的孢子囊穗以及葉片基部的細碎鱗片。
4 雪山坑的山蘇林是電影場景。
5 東山鄉後大埔古道的樟樹林與繁茂的山蘇。

山蘇長成蓮座狀的形態並非偶然，由於生長在樹冠層的附生植物無法從地面土壤中攝取所需的水分及養分，蓮座狀的葉片排列有助於捕捉樹冠層的落葉、灰塵等等，也能在降雨時獲得充分的雨水。山蘇將這些枯落物以類似堆肥的狀態，變成腐植質累積在基部，日積月累變成一個空中的小生態系。我曾經在山蘇基部的腐植質團塊中，發現許多無脊椎動物，譬如鞘翅目昆蟲的幼蟲、蚯蚓、蜘蛛、馬陸等等，也不時看到猴子或鳥類利用山蘇棲息，甚至啄食土團裡的生物。可以說鳥巢蕨使潮濕森林生態系更加豐富多采。

栽培為食用蔬菜的緣由

山蘇在山產店內一向是受歡迎的野菜，近年來由於大面積的推廣種植，消費者有時也能在傳統市場及超市買到包裝整理好的山蘇。蕨類植物的病蟲害少，而且附生植物較能適應貧瘠環境，因此種植山蘇並不要求優質農地，也不需要施用大量的肥料和除草劑，目前山蘇多半採有機種植，在消費者普遍重視糧食安全的今天，山蘇未來頗有潛力成為普遍的家庭料理。

台灣最主要的山蘇栽種區域是花蓮縣，1990 年代前後，由秀林鄉佳民村的太魯閣族原住民開始栽培，之後慢慢推廣到其他區域。目前較具規模的山蘇農場都位於花蓮光復鄉以北，不過從北部的烏來，至恆春半島屏東獅子鄉的德文部落，氣候潮濕的山區都可見到山蘇農場。

目前大部分農場的種苗來源多是山採株，品種控制粗放，有時在北部山區的農場，也可見到台灣山蘇（*Asplenium nidus*）和山蘇（*Asplenium antiquum*）的混生栽植。花蓮農改場近年來也開始篩選品系，生產組培山蘇苗，據說目前中國南部區域對山蘇苗的需求很高，且有許多走私苗木出口到中國。

6 7 **8**

山蘇種植的地方有原住民保留地，亦有溪邊的畸零地，譬如太魯閣國家公園的砂卡礑步道三間屋部落附近，這些溪邊的陡峭地大多是不宜從事傳統農作的劣質耕地，有些甚至是幾乎沒有土壤的石生地，種植山蘇除了能帶來收益，且能減少雨水直接衝擊地面與地表逕流，兼具水土保持的作用。因為山蘇是喜好陰濕的附生植物，很多農戶也採用複層栽培，將山蘇種植在造林地內，其中以檳榔園最為常見。檳榔園下的山蘇園必須覆蓋 50～80％的遮光黑網減少盛夏的光照，並阻止檳榔葉掉落直接破壞山蘇。位於平地的山蘇園多半都有架設噴灌設施，這樣採收的嫩葉比較肥美多汁，種植密度約每平方公尺一至二株。

春夏之際是山蘇的盛產期，一個月可以採收二次，可填補夏季蔬菜短缺的空檔。而且山蘇是多年生作物，植株愈老產量愈高，一株山蘇的年產量約 600 公克，農民會不時除去成葉葉尖以促進新葉生長，新葉不會全部採，通常會留二輪完整的葉片使植株能進行正常的光合作用。山蘇算是高經濟價值作物，以平均每公斤 200 元的收購價格，能為農民提供穩定的收益，且初期生產成本跟管理難度也不高，不過農戶目前遇到的問題與台灣大部分小型農業相同，乃採收人工雇請不易，且小型農戶各自為政，無法聯合產銷，穩定產量。

作為都市綠化農園的潛力

山蘇在農業栽培上的優點，帶到都會區仍然適用，很適合作為都會區綠化植物，不需要施肥用藥也能長得不錯，算是適合懶人。山蘇不怕一般新手常見的過度澆水導致根系腐爛，更能適應低光度的人造光線，所以種在室內也能生長良好。

由於山蘇本來就分布在垂直的森林空間中，所以有傑出農民開發出山蘇的直立式水耕盆景，水盆可以造景還可以養魚，成為極佳的綠化和美化的室內環境素材。除了入菜之外，農民也開發了許多附加產品，譬如山蘇茶包、山蘇酒、山蘇酵素，近年來亦有生技產品方面的加值研發，可見山蘇的確是深具潛力的作物。

6　山蘇是國人喜愛的野菜料理。
7　組培或無菌播種能夠產生均一大量的山蘇種苗。
8　農友採收山蘇。

台灣梵尼蘭的花朵只能維
持一天左右，唇瓣上有許
多附屬物。（葉名峻攝）

香草

　　說到香菜，人類的愛惡非常分明，但我想應該沒有人不喜歡香草吧？

　　但是喜歡香草的你，知道香草也是產自於某種附生植物嗎？而且還是一種蘭花的果莢呢！

　　香草是一種附生蘭的果莢，拉丁屬名是梵尼蘭（Vanilla）的一個分類群的蘭花，Vanilla 也是香草這種香料的外文名稱。這屬的蘭花廣泛分布在全世界的熱帶和亞熱帶區域，包含美洲、非洲、亞洲、新幾內亞等，超過 100 個物種，有紀錄甚至可以攀緣到 30 公尺以上的高度。

　　雖然世界上有超過 100 種梵尼蘭，但其中最出名的物種是香草 V. planifolia（拉丁名稱是葉子扁平狀的意思）。它的果莢就是食品工業廣泛利用的香草豆 vanilla bean，事實上梵尼蘭是蘭科植物，跟豆科植物一點關係都沒有。

　　食用香草原生於中美洲，遠古時期的阿茲特克人便懂得利用其濃郁的香味，取名為 tlilxochitl（黑色果實之意）。據信 Hernán Cortés 是第一位在 1520 年代、將香草跟巧克力引入歐洲的西班牙殖民者。直到 19 世紀中，墨西哥仍是香草的最大生產地。1819 年法國貿易商將香草果實運送到印度洋留尼旺、模里西斯諸島種植。1841 年 12 歲的農場奴隸 Edmond Albius 發現了如何用人工授粉香草蘭，讓該區域逐漸成為全世界最大的香草產地之一。

　　目前全球廣泛栽培的香草豆源自本屬的三個物種，最常見的香草 V. planifolia（異名 V. fragrans）被稱

作波旁香草（Bourbon vanilla），主要在印度洋熱帶區域如留尼旺群島、馬達加斯加及印尼，本區域產量目前佔全世界的三分之二，而原生地墨西哥的產量和風味反倒不如前述法國殖民者在西南印度洋沿岸建立的生產基地。其次是栽培在南太平洋波里尼西亞諸島（東加群島、大溪地）的大溪地香草（*V. tahitensis*），分生資料顯示本種應該是中美洲原生香草的栽培變種，產量少，栽培者也十分有限。最後還有一個香草豆來源物種 *V. pompon*，則以加勒比海區域為主要生產地。

　　跟其他蘭科植物一樣，香草豆是蒴果，成熟時會開裂、釋放出大量種子。當果莢乾燥熟成的時候，裡面的芳香成分就會釋放出來。整個莢果、包含裡面的黑色粉末狀種子都可以作為料理使用。果莢是否成熟需要人工判識採摘，跟咖啡豆一樣是非常耗時耗工的農作物。最佳的採摘時機是香草莢尾端將開裂而未開裂時，香味最為濃郁，超過 15 公分長的香草豆已屬上等產品，而超過 16 公分甚至 20 公分長的大概只會賣到米其林等級的餐廳。

　　目前唯一被記載到的香草蘭授粉者是 *Eulaema* 屬的蜜蜂，不過現今所有商業栽培都是採用人工授粉。人工授粉香草的方式是利用尖銳的薄片（竹片或金屬刀片），將蕊柱與雄蕊之間的薄膜除去，同時利用大拇指將花粉塊黏到蕊柱頭上，

完成自花授粉。香草蘭從開花到花謝僅一天，所以栽培者必須每天巡視，將當天開的花朵及時進行人工授粉，可說是非常耗費人力的農作物。

香草精（Vanillin）在 1858 年被純化出來，後來人工香料則利用松樹液裡的醣苷來萃取，曾一度造成香草栽培產業沒落，但高級甜點仍然優先採用純天然的香草豆。香草是僅次於番紅花的昂貴香料，據估計市面上標示為香草風味的食品只有 5% 是採用真正的香草豆。在馬達加斯加等產地也面臨原始森林被砍伐，及農工被剝削的事件，因此市面上也有公平交易的香草豆認證，供消費者選擇採購。

台灣也有原生的香草蘭、台灣梵尼蘭（*Vanilla somae*），每年春天 3 至 4 月是花季。這種半附生的蔓生型蘭科植物廣泛分布在台灣 1,200 公尺以下的潮濕山區，攀附在樹上、岩石上，甚至竹林裡，花朵和葉片都很大型，超過 10 公分長，肉質肥厚，叫人不注意也難。

台灣梵尼蘭的香草精濃度不如商用品種濃厚，所以並未栽培於生產香料。不過就算沒有商業生產價值，其花朵也非常具有觀賞價值。讀者在台灣低海拔山區健行時，不妨特別注意，其實在北部陽明山區就可以見到它的蹤影，是　種好吃又好看的附生蘭科植物。

1　長在花蓮山區海拔 1,000 公尺左右的台灣梵尼蘭。
2　台灣中部的香草種植農場。為求管理方便，種植時將香草攀附在水管上。
3　馬來西亞沙巴的原生梵尼蘭。
4　印尼的蘇拉維西人栽培時將香草攀附在可可樹上。
5　梵尼蘭肥厚的果莢。
6　蘇拉維西產地整把販賣的香草豆，風乾後呈現黑亮的光澤。
7　香草是僅次於番紅花的昂貴香料。

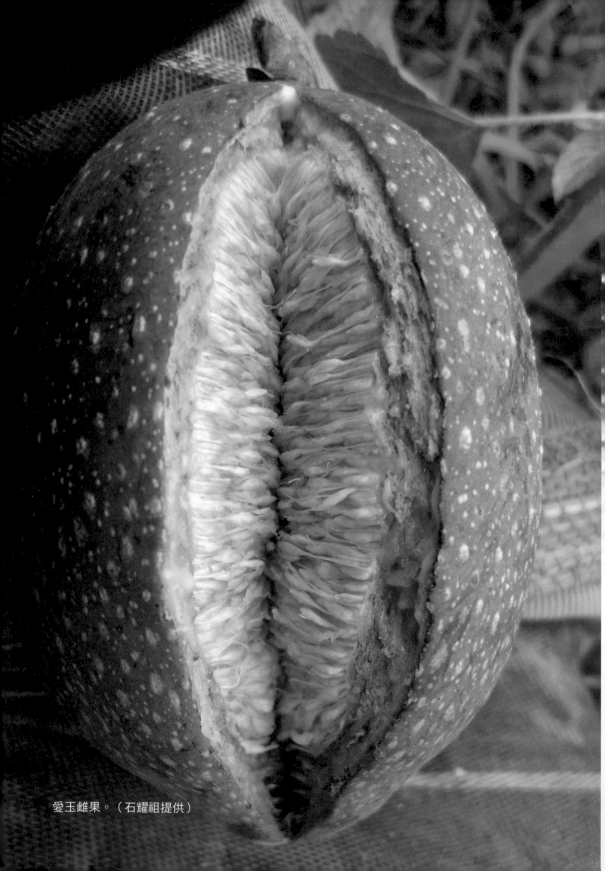

愛玉雌果。（石耀祖提供）

愛玉

　　盛夏來上一碗晶瑩剔透的愛玉，頓時眼睛跟身體都透清涼，這算是台灣人專屬的享受。

　　但多數台灣人不知道愛玉（*Ficus pumila* var. *awkeotsang*）是一種附生植物，甚至還有人以為愛玉是長在樹上的水果。

　　愛玉的確是長在樹上，但是一種攀附在樹上的半附生植物（semi-epiphyte）。何謂半附生植物呢？就是這種植物的生活史中，有一部分時間是以附生植物的型態在生活著，又可以細分為初級（primary）半附生與次級（secondary）半附生。初級半附生是生活史的前半段為附生植物，顧名思義，次級半附生植物就是生活史的後半段為附生植物。愛玉屬於前者，至於後者本書也會專文介紹。

　　愛玉屬於桑科榕屬（*Ficus*），這一屬植物的特色就是隱頭花序（又名隱頭果、無花果）。看似果實的愛玉果，其實是一個膨大的花托，內凹成球狀，其內附生許多小花而形成，花托頂端有一個小開口，供榕果小蜂進出。小蜂訪花時，身上便會沾染許多花粉，幫助傳粉。愛玉是雌雄異株，也就是雌性個體的隱頭花裡面只有母花，雄性個體只有公花，所以最後能夠變成愛玉果實的只有雌性個體，也只有愛玉雌果能洗出果膠成為食用的果凍。

1　愛玉的果實深受彌猴等山區動物喜愛。
2　愛玉雄果。（石耀祖攝）

無花果柔軟多汁，深受動物和鳥類喜愛，而榕屬植物都有黏稠的白色乳汁，動物食用後清潔嘴部或身體時，將沒吃完的種子抹附在樹枝上，便能在樹冠層萌芽成長。而這類植物在成長茁壯以後，會慢慢將莖部沿著樹幹往地面延伸，最後根系觸及土壤，此時就不是附生植物而成為地生植物了。有些物種還會進而纏繞整棵樹，最後將宿主勒死取而代之，故又稱為纏勒植物（strangler）。

　　愛玉不是纏勒植物，但老愛玉的藤蔓也能長到大腿那麼粗，估計也是近百年的歲月。屏東鬼湖山區的魯凱族會深入到本野山區域採集愛玉，那裡的愛玉附著在台灣杉上，台灣杉巨木又直又高，往往超過 40 公尺。我的魯凱族朋友曾經採收過產量豐盛的大樹，一棵樹便能採摘到六千多顆愛玉，五個人在樹上工作八小時才收工，壯觀程度令人難以想像。

　　「採收下來的愛玉必須先削皮，日曬二天左右大概保留三成的濕度，再把愛玉子丟到垃圾袋裡悶著，悶到外皮軟後再將果實翻面曬至完全乾燥。有時太冷會把整個塑膠袋拿到太陽底下曬，提高溫度加速軟化過程，接著用金屬湯匙將種子刮下來。」特富野的鄒族朋友描述生產愛玉的繁複手續。種子過篩去除雜質後儲存。製作愛玉時再利用細網布在水中搓揉，果膠溶出後，靜待其凝結成為果凍。

20 公克的籽約可製作一公升愛玉，是十分耗時耗力的農產品。據說最早發展出食用愛玉果凍的就是台灣人，《臺灣通史》記載，道光年間一位嘉義人偶然在溪邊發現愛玉凍的美味，他的女兒「愛玉」在街坊販售果凍而得名。

　　愛玉早在 1904 年由日籍植物學家牧野富太郎發表命名，其後的英國植物學家 Corner 認為愛玉與薜荔的型態相近，遂將愛玉處理為薜荔的變種。實務上在野外看到這兩種植物，若沒有果實的確頗難分辨，不過分布海拔較高的愛玉葉形長而尖銳，榕果較大呈長橢圓狀，薜荔則多半分布在低海拔地區，葉子也比較小，榕果偏圓形，果膠含量較低，一般不利用於製作果凍。還有一種類似的附生植物珍珠蓮（*Ficus sarmentosa*），榕果更小，據說北部陽明山區居民有發展出類似愛玉的食用方法，因為果實較小，食用時直接用石頭錘打或果汁機打碎加到水裡製作果凍，非常有趣。

　　我有一位在阿里山栽種愛玉的鄒族朋友，幾十年前便在森林中選拔特大的愛玉母株枝條，並將愛玉藤栽種攀附於赤楊樹上。由於赤楊可以固氮，所以身為附生植物的愛玉在赤楊上長得特別肥大，另外赤楊下層也種植了咖啡樹，可說是非常具有生態觀念的自然農法，值得推廣學習。

3　附生於宿主樹木的榕屬莖藤，有的會絞殺宿主稱為纏勒植物。

4　北部陽明山區的居民也會利用珍珠蓮製作果凍。

5　分布在低海拔的薜荔，果實和葉形都較圓。

6　魯凱族人賴孟傳徒手攀爬台灣杉巨木採集愛玉。（柯金源攝）

7　削皮後的愛玉果先初步曬乾至變軟。（石耀祖攝）

8　變軟後果實再切開翻面曬至完全乾燥。（石耀祖攝）

山椒草是中高海拔
的附生植物。

胡椒

胡椒可能是全世界消耗量最大的香料植物，雖然每個人對香料都有各自的喜好，但應該極少人討厭胡椒，君不見買鹽酥雞的時候，老闆只會問要不要加辣？然後我只聽過「不加辣、胡椒多一點」的回答（笑）。

廚房必備第一名香料的胡椒，你可知道它也是一種附生植物嗎？

其實胡椒科（Piperaceae）植物很多都能適應樹冠層的生活環境，台灣前十大附生植物最多的科，只有二個科是雙子葉植物，一個是桑科，就是前面介紹過的愛玉和薜荔，另一個就是胡椒科。

胡椒（Piper nigrum）是原生於西南印度喀拉拉邦（Kerala）的植物核果（drupe），核果裡面包含一個種子，收成後會將之乾燥以便保存，於料理時磨碎作為香料使用。市面上有時能看到黑、白、綠、紅各色的完整胡椒粒，其實都是同一種植物胡椒的果實，差別在於處理工序不同，例如黑胡椒是未去除果皮且烘烤過的果實，而綠胡椒是直接乾燥保存果皮的胡椒果實。

還有一種跟胡椒同屬很類似的香料植物，那就是荖藤（Piper betle），它的葉片（荖葉）與果穗（荖花）常被添加至檳榔裡一起嚼食，增加風味。清代即有文獻記載這種嗜好品，在東南亞和印度也是很受歡迎的農作物。我曾在台灣的越南餐館吃過由荖葉包裹再去煎熟的肉捲，搭配魚露，滋味很不錯。台灣的荖葉主要栽植在台東，如果在台東看到

一大片黑色蔭棚栽植的農作物，多半就是荖藤的農場了。台灣全島低海拔淺山地區都有可能看到溢出歸化的荖藤。

前面介紹的胡椒和荖藤，都是 Piper 屬的半附生植物，台灣原生本屬的半附生植物，常見的還有風藤（Piper kadsura）與薄葉風藤（Piper sintenense），在潮濕的低海拔山區樹幹上很容易觀察到，果實長相跟胡椒還有荖藤也挺像的，或許我可以嘗試烘乾看看是否能當胡椒的替代品。像風藤這類半附生植物，幼苗多半從地面萌發，沿著樹幹攀爬到樹冠層，之後植物體下半部的莖部經常逐漸腐爛消失，變成攀爬在樹冠層的附生植物了。它跟天南星科的半附生植物生態非常類似，也跟天南星科拎樹藤一樣，廣泛分布在台灣的中低海拔潮濕山區。

胡椒科是一個龐大的分類群，有超過 3,600 個物種，不過多數物種主要分布在胡椒屬（Piper）和椒草屬（Peperomia）。台灣的 17 種胡椒科植物，也都隸屬於這兩個屬，其中椒草屬的石蟬草（Peperomia leptostachya）與小椒草（Peperomia tetraphylla）就是真附生植物了。尤其是小椒草，常附生於數十公尺高的巨木樹冠層之上，肥厚的植株，想必十分耐旱，分布海拔也常超過 2,000 公尺，顯示能夠耐受高海拔山區的低溫。

很多椒草屬植物被當作藥用植物，我見過紅莖椒草以俗名「猴耳」出售、供民眾繁殖利用，是一種活血化瘀的傷藥。有趣的是很多附生植物都是活血化瘀的草藥，不知道是巧合還是附生植物真的有這類特性，又或許是一種人云亦云的民間習俗？除了食用與藥用，胡椒科附生植物由於個體小巧可愛，植物體肥厚又耐旱，有多肉植物的調性，加上不需全日照、照顧簡易，許多椒草屬的植物和我介紹過的其他附生植物一樣，都是受歡迎的室內觀賞園藝植物。我有一個願望，若能將本章節所介紹的生活中的附生植物栽培成一個附生植物園，想必非常有趣！

1　常見的風藤，顧名思義葉片比薄葉風藤略厚實一些。
2　台灣低海拔常見的薄葉風藤，果實跟胡椒十分相似。
3　半附生植物薄葉風藤，幼時利用攀附莖從地面攀爬宿主。
4　荖藤的果葉近攝。（鄭雅芳攝）
5　台東的荖藤農場。（鄭雅芳攝）
6　為了採收荖花的荖藤農場，便不會用蔭棚遮蓋。（鄭雅芳攝）

7　很多椒草屬的植物被栽培作為園藝景觀使用。
8　胡椒屬的台灣胡椒是地生植物。
9　與山椒草長相類似的小椒草，常一起出現。
10　石蟬草在民間是名為猴耳的藥用植物。
11　椒草屬的紅莖椒草是台灣山區常見的附生植物。

豬籠草的唇位於籠口的邊
緣，由唇肋和唇齒組成，
常有各種鮮豔的花紋跟顏
色以吸引昆蟲，也能凝結
水氣讓昆蟲滑落。

豬籠草

　　台灣雖然是一個附生植物種類豐富的島嶼，美中不足的是缺少幾種有趣的附生植物，其一是分布在亞洲舊熱帶地區的豬籠草，其次就是分布在南美洲的鳳梨科附生植物了。

　　還好這些附生植物雖然因為植物地理學的原因沒有傳播到台灣島來，在溫暖潮濕的台灣並不難栽培。近年來，豬籠草和空氣鳳梨已成為頗受歡迎的園藝植物。

食蟲植物豬籠草

　　食蟲植物向來引人注目。除了台灣原生、利用特化葉片上的蜜腺和纖毛來吸引與捕捉獵物的毛氈苔以外，還有一類是葉子特化成瓶狀陷阱的食蟲植物瓶子草（pitcher plants）。廣泛被稱為瓶子草的植物包含豬籠草科（Nepenthaceae）和瓶子草科（Sarraceniaceae）。

　　瓶子草科屬於地生植物，共包括三個屬約 15 個種，全部原生於美洲。北美洲有瓶子草屬（*Sarracenia*）和眼鏡蛇瓶子草屬（*Darlingtonia*），中美洲的圭亞那高地有太陽瓶子草屬（*Heliamphora*）。瓶子草大部分屬於較為冷涼區域的物種，但台灣也有人栽培，某些已經馴化的園藝品種也能在平地培養。

　　而本文的主角豬籠草科（Nepenthaceae）只包含一個豬籠草屬（*Nepenthes*），

1　分布於加州北部與奧瑞岡州的眼鏡蛇瓶子草（Darlingtonia californica），
　　是單種單屬的植物，生育地是貧瘠的濕地，被列為保護區加以保護。
2　生長在蘇拉維西山地霧林的豬籠草。

是蔓生狀的附生植物，主要產於熱帶亞洲區域，種類繁多，全世界約有 170 種左右。最早在 17 世紀由馬達加斯加的法國殖民者所描述，隨後引起整個西方世界的興趣，1880 年代大概是歐洲區域豬籠草園藝栽培的黃金時期，之後受到一次大戰的影響而沒落。

豬籠草的拉丁學名 Nepenthes 就是由「無憂」兩字組合而成的，源自荷馬史詩《奧德賽》中埃及公主送給美女海倫的忘憂水。豬籠草在中國海南島被稱為雷公壺，意指下大雨時裝滿雨水的捕蟲囊恰似農家的酒壺。而在豬籠草分布的大本營婆羅洲及馬來區域則被稱為猴杯（monkey cup），源自猴子會飲用豬籠草瓶中的雨水，事實上這是訛傳，豬籠草中裝填的是消化液而非雨水呢。

分布

全世界的豬籠草大多數原生於舊熱帶亞洲區域（old world tropics），婆羅洲、蘇門答臘和菲律賓是物種多樣性最高的分布中心，往西分布到馬達加斯加、印度洋群島，向南至澳洲與南太平洋群島，以印度北部為界；從低海拔的熱帶到中海拔霧林帶，甚至高海拔岩生區域都有豬籠草分布。

以生育地喜好來說，一般將豬籠草粗略分為熱帶的低地種與海拔較高霧林帶的高地種。低地種喜好溫暖潮濕的熱帶雨林，分布海拔低於 800 公尺，高地種則多分布於 800 至 2,500 公尺的熱帶山地霧林，棲地冷涼潮濕，通常有週期性雲霧滋潤，夜晚溫度在攝氏 15 度左右。不管是高地種還是低地種，豬籠草是陽性植物，喜歡日照充足的環境。

世界上原生的豬籠草多是 IUCN 紅皮書指定的保育類，尤其是霧林帶的高地種，分布地多半十分狹隘，有的只分布在一座山而已，譬如說在婆羅洲最高峰京那巴魯山的馬來王豬籠草（Nepenthes rajah）。

特殊構造

霧林帶的高地豬籠草常附生在苔蘚層，莖部能長出氣生根，葉部也能長出捲鬚幫助攀爬，有些物種可以長到 15 公尺高，到樹冠層上半部吸收日照。豬籠草為雌雄異株的植物，花通常為總狀花序，少數為圓錐花序。

豬籠草的葉子特化成瓶狀的陷阱，觀察豬籠草的葉片，可以發現中肋尖端延長的部分，有的形成攀緣的卷鬚，有的則是迷你的瓶狀物。隨著葉芽成長，瓶狀物

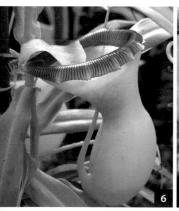

6　7　8

3　馬來王豬籠草是婆羅洲神山京那巴魯的特有種，分布在海拔 1,500 至 2,500 公尺間，為國際自然保育聯盟（IUCN）紅皮書指定的瀕危物種。瓶子容量可長到 3.5 升，消化液內容物可超過 2.5 升，有紀錄指出甚至可以捕捉鳥類。

4　馬來王豬籠草的圓錐狀花序。

5　馬來王豬籠草的下位瓶，還能看到明顯的翼狀構造，上位瓶則消失。

6-7　豬籠草的唇位於籠口的邊緣，由唇肋和唇齒組成，常有各種鮮豔的花紋跟顏色以吸引昆蟲，也能凝結水氣讓昆蟲滑落。

8　豬籠草的籠翼位於籠身的腹面，自籠口向下延伸至基部，據推測其是為了誘引地面的昆蟲沿著爬到籠口處。

漸漸變成中空的捕蟲籠，還附有瓶蓋。

　　捕蟲籠中包含消化液，因有各種消化酶而十分黏稠，有助於淹死獵物，尤其是有翅膀的昆蟲。捕蟲籠頸部的內側通常光滑且向內凹陷，有的有纖毛倒刺，以阻止獵物逃出。捕蟲籠的下半部則有吸收養分的腺體，可以從被分解的獵物吸收養分。瓶口邊緣有一圈構造稱之為唇（peristome），色澤鮮豔可以吸引獵物，更能在潮濕環境中凝結水氣，使獵物滑落。豬籠草的籠蓋可以防止雨水進入籠中，尤其在季風雨充沛的熱帶更是重要，以免瓶中的消化液被稀釋或爆滿。瓶蓋的下方有蜜腺，以分泌物誘引昆蟲。但捕蟲籠捕獲獵物後，籠蓋並不會閉合。總而言之，整個瓶子就是一具構造十分精巧、心機很重的陷阱。

　　很多豬籠草能長出兩種型態的瓶子，分別為上位籠和下位籠。下位籠在靠近地表的葉片形成，通常是體型較大、顏色鮮豔的卵形或圓柱形，捕蟲籠腹面、自籠口向下平行延伸至瓶基部的「籠翼」較發達，據推測此構造有助於步行的小動物沿著籠翼向上攀爬到開口之中滑落。上位籠由靠近樹冠層的葉片形成，通常是較瘦長的高腳杯狀，容量較小，瓶口通常為漏斗形大開口，有助於捕捉飛行的昆蟲，也因此其籠翼通常較不明顯甚至完全消失。而捕蟲籠容量最大的馬來王豬籠草，上位籠和下位籠還能捕捉不同的目標獵物，甚至有捕捉鳥類或老鼠的紀錄，反之有些種類的豬籠草，上位籠與下位籠的造型差異不大，例如最常見的雜交種花市豬籠草 N. × *ventrata*（*N. ventricosa* × *N. alata*）。

生態

　　為什麼豬籠草這些食蟲植物會把葉子特化到如此複雜的瓶子狀，還費盡心機地分泌消化液和蜜腺來誘引昆蟲上籠？其實也是不得已，全球豬籠草的生長環境多半是土壤貧瘠的熱帶區域山地霧林，或是酸性土壤的濕地，為了補充不足的養

9 **10**

分，只好改吃葷，以補充氮及磷等營養鹽。

由於豬籠草的棲地環境多半生物多樣性極高，再加上型態特殊，森林生態學家因此發現許多豬籠草與熱帶森林生物共生的有趣案例，比較常見的是某些蚊子的幼蟲孑孓能在捕蟲籠裡發育；也有與樹冠層的螞蟻共生的豬籠草，螞蟻協助分解獵物，以免未分解完全的獵物對植株造成傷害。甚至有研究指出，豬籠草能與樹上的小型哺乳類樹鼩（tree shrew）共生，因為這些豬籠草的捕蟲籠尺寸與樹鼩相當，可以吸引樹鼩居住進而保護植株，豬籠草則從樹鼩的糞便得到額外的養分。

栽培與應用

台灣雖然沒有原生的豬籠草，氣候卻適合種植。許多人好奇豬籠草能否捕蚊？我還真的做過實驗，買了一盆俗稱花市豬（也就是市面上最容易種植、價格最便宜的粗放品種豬籠草）掛在陽台上，也不知道是不是錯覺，蚊子真的有變少。花市豬是生長在菲律賓一帶天然的雜交種豬籠草，雖然是高地種但已經馴化非常容易種植，需要空氣中較高的濕度，介質必須保持排水良好，以及充分日照。

豬籠草造型可愛，即使捕蟲能力稍弱，種來欣賞也很療癒。神奇寶貝的寶友大概都知道，大食花是一種肉食性的草系寶貝，而這個神奇寶貝就是仿照豬籠草設計的。豬籠草不但是植物園展示的好主題，還有其他實用功能喔。在馬來西亞沙巴，當地人十分喜愛一種豬籠草包糯米飯小吃 lemang periuk kera，消費量很大，要製作這種小吃，首先必須採集適當大小的豬籠草，一般是使用常見的低地豬籠草下位籠，將捕蟲籠洗淨晾乾，填入用椰奶混合的糯米，有時還會加花生或蝦醬調味，然後用香蘭葉封好，就可以拿去蒸了，成品十分可愛又美味。寫到這裡我都要流口水了呢！台灣雖然買不到這種小吃，不過我見過用豬籠草熬製的果凍小點心，也算是一絕。

9-10 毛氈苔和毛膏菜沒有特化的捕蟲籠，靠蜜腺來誘引昆蟲上門。

11 宜蘭波的農場的豬籠草栽培。

12 豬籠草實生苗。

唯一分布到北半球溫帶區域的松蘿鳳梨，
生命力強韌，垂掛栽培綠意盎然。

附生鳳梨

記得大概 15 到 20 年前，園藝界開始流行種植空氣鳳梨，簡稱空鳳，是一群生命力非常堅韌，生長速度緩慢，不太需要澆水，也不用土壤栽培的附生鳳梨科植物。即使是植物殺手也能輕鬆養活，於是迅速成為辦公族的心頭好，臉書群組甚至流行起「人家有哀鳳我只有空鳳」的有趣貼文。

這一波流行的空鳳寵物多半是 *Tillandsia* 屬的附生鳳梨科植物，比較耐旱，植株外部有銀色的鱗片包覆，防止植物體過度失水，並能攔截空氣中的水分。此外，鳳梨科植物幾乎都採取景天代謝（CAM），也就是晚上打開氣孔吸收二氧化碳，白天閉合氣孔利用太陽能接續完成光合作用的固碳作用。很多附生植物採用景天代謝，以適應樹冠層水分供給不穩定的生態環境，付出的代價就是生長較緩慢，卻意外適合辦公室的種植環境，成為受歡迎的園藝植物。

鳳梨科植物（Bromeliads/ Bromeliaceae）是熱帶植物，是原生於美洲新熱帶（neotropics）的超級大科，包含了 75 個屬，超過 3,000 個種，及上千個栽培種。松蘿鳳梨（Spanish moss, *Tillandsia usneoides*）是唯一能分布到北美洲溫帶地區的空氣鳳梨，生命力強韌到甚至可以附生於電線上。另一種分布在安地斯山高地沙漠的空氣鳳梨（small ballmoss, *Tillandsia recurvata*）則能夠適應極度乾旱的環境，常見附生於柱狀仙人掌上。世界上原生的鳳梨科植物當中有將近六成是附生植物。

目前我們食用的鳳梨（*Ananas comosus*）是哥倫布在 1493 年第二次航行美洲時發現，亞洲與大洋洲的舊熱帶很遺憾並沒有原生鳳梨科植物的分布，只有一個例外的鳳梨科植物 *Pitcairnia feliciana* 原生於西非的幾內亞，推測是候鳥從美洲帶進種子。不過在熱帶地區都能輕鬆栽培鳳梨科植物，食用鳳梨是地生鳳梨，在台灣成為重要的內需與外銷水果，原生於巴西與巴拉圭，最早則是在西印度群島栽培作為農作物。

鳳梨科植物葉片通常螺旋狀構成蓮座狀的植株，這樣的形態有助於附生植物在樹冠層環境收集腐植質及雨水。在中南美洲的潮濕熱帶雨林中，附生鳳梨還會形成不乾涸的貯水池，曾經有研究調查多樣性很高的熱帶雨林裡，一公頃內有高達十幾萬棵的附生鳳梨，貯存了將近五萬公升的水，這樣的貯水池對某些乾濕季分

明的中南美洲熱帶雨林生態系格外重要，是一些小動物在乾季時的重要水源。

　　積水的附生鳳梨與樹冠層的兩棲動物以及許多昆蟲形成共生關係，附生鳳梨葉片中央的貯水池，提供了樹棲兩生類的幼體及成體棲息的場所及食物來源，而附生鳳梨則依靠共生動物的排泄物獲得樹冠層珍貴的氮源。在哥倫比亞霧林裡所做的研究顯示，將近有 250 種的昆蟲幼蟲、青蛙及螃蟹生活在這空中水池中，終其一生不曾到過地面。

　　中南美洲原住民利用鳳梨科植物已經有上千年的歷史，作為食物、繩索或祭典時的裝飾植物。歐洲人從美洲帶回食用的鳳梨，成為重要的水果與料理食材。此外，很多積水鳳梨的葉片常帶有斑點及各種顏色，很適合作為觀賞的園藝植物，二次大戰之後荷蘭人培育了許多積水鳳梨的園藝品種，成為現在全世界常見的觀賞植物，譬如年節常用來送禮的擎天鳳梨（*Guzmania spp.*）、鶯歌鳳梨（*Vriesea spp.*），和蜻蜓鳳梨（*Aechmea spp.*）等等。積水鳳梨的花穗自蓮座狀叢葉中央長出，花朵外的苞片色彩鮮豔具有觀賞價值，且可以持續數個月，因此受到極大的歡迎，和空氣鳳梨相比，積水鳳梨就需要比較潮濕的環境和較多的水分供給，在台灣也是非常容易栽培且受歡迎的園藝植物。

1 在台灣也常見將多肉植物與空氣鳳梨一起栽培，兩者都是景天代謝的耐旱植物。

2 空氣鳳梨的盆栽造景。

3 積水鳳梨很適合熱帶庭園造景。

4 積水鳳梨的花序由葉心延伸出來，花朵外面的苞片可觀賞數個月。

5 色彩豐富的積水鳳梨是很受歡迎的園藝植物。

棲蘭扁柏的樹冠層常見台灣天
南星的植株附生在苔蘚包上。

龜背芋與它的天南星科親戚

　　近年來龜背芋（*Monstera deliciosa*）成為網路上的新寵兒，許多網紅爭相種植，在室內模仿熱帶雨林造景，營造出美美的文青氣氛。大家知道龜背芋是屬於天南星的附生植物嗎？

　　天南星科也是個成員眾多的超大分類群，估計包含有將近有 100 個屬，超過 3,700 個種。原生地多數位於熱帶雨林下層，很耐蔭，能夠適應室內光照不足的環境。這類家族成員多半能用莖部插段加以繁殖，並且攀附於立體空間中，長久以來就是很受歡迎的室內觀賞植物。

　　原產於墨西哥的龜背芋，是大型觀葉植物，幼葉呈心型，葉片成熟後會出現不規則的羽狀裂口，有如龜背而得名。科學家推測是為了要減少光照，促進通風。台灣也有類似的原生物種拎樹藤（*Epipremnum pinnatum*），廣泛分布於全島的中低海拔，好栽培，適合當作室內觀賞植物。又例如非常普遍的室內觀葉植物黃金葛（*Epipremnum aureum*），甚至只要水耕葉插就會存活，是園藝苦手也不可能栽培失敗的觀賞植物。

　　英文暱稱為 aroids 的天南星科植物雖然成員複雜，但本科植物的特徵倒是十分一致，易於區別；本科植物最有特色的便是肉穗狀的花序（spadix），其外包附一層特化的葉片，具有多樣色彩或型態變化，稱之為佛焰苞（spathe）。常見的火鶴或海芋，其觀賞部位都是天南星科的佛焰苞。

1　台灣魔芋色彩鮮艷的漿果。
2　天南星科植物的特徵之一就是佛焰苞花序，圖為北美的水芭蕉（*Lysichiton americanum*）。
3　天南星科的芋頭是南島語族的主食，圖為蘭嶼的水芋田。

天南星科的肉穗花序能夠發熱，有些甚至能加溫到攝氏 45 度，據信是為了吸引其傳粉者甲蟲來拜訪。有些大型的地生天南星則會發出腐臭味，吸引雙翅目蠅類，如高雄柴山的名物密毛魔芋（*Amorphophallus hirtus*），又稱為雷公銃，因其常在梅雨季劇烈的雷陣雨後冒出地表開花，非常壯觀。

此外天南星科植物多半具有塊根或走莖，有些可以食用，例如南島語族愛吃的芋頭（*taro, Colocasia esculenta*），又譬如常用來減肥、號稱零熱量的蒟蒻，就是魔芋屬的植物（*konjac, Amorphophallus konjac*）塊根所製造。

天南星科植物雖然廣泛分布於全世界，多樣性最高的地區仍屬美洲的熱帶山地區域。在台灣則主要分布於南部山地的熱帶區域，除了常見攀緣型的天南星附生植物，還有一種不能不提：台灣目賊芋（*Remusatia vivipara*）。台灣目賊芋侷限分布於嘉義梅山、北大武山、集集大山、溪頭、竹山與雙龍部落海拔約 1,000 公尺山區，只發現附生在具深厚腐植土的大樹上。由於這些區域人類農業開發較早，喪失生育地大樹，台灣目賊芋遂成為瀕危的稀有植物。

在 1916 年分類學家早田文藏命名時本以為台灣目賊芋為台灣特有種，後來發現木賊芋其實廣泛分布於印度錫金、泰國、喀麥隆、印尼爪哇、尼泊爾、越南、斯里蘭卡、緬甸、印度東北以及中國西南部雲南等地，台灣這個棲地距離最近的分布地是越南的族群。以天南星科漿果種子的傳播距離來說，幾乎不太可能達成，然而木賊芋有一個非常特別的無性繁殖器官稱為珠芽（bulbil）。木賊芋的珠芽枝條從地下塊莖上方發育而來，珠芽的外層有倒鉤狀鱗片包覆，能夠黏著在候鳥的羽毛上，據信是台灣目賊芋傳播到台灣落地生根的原因之一。

2016 年溪頭紅檜神木倒塌，在神木上發現了珍貴的台灣目賊芋，並由台大實驗林的研究人員保育下來，如今在園區欣欣向榮，值得造訪一睹其廬山真面目喔。

4　屏東的龜背芋栽植場。（王子芮攝）

5　天南星科的植物可用插段無性繁殖。

6　印尼 Bogor 植物園內，天南星科附生
　植物有如綠毯一般覆蓋大樹的樹幹。

7　柚葉藤是台灣常見的天南星科半附生
　植物，幼苗常萌發於地表攀爬樹幹。

8　台灣原生的拎樹藤也很適合做室內觀
　葉植物。

9　溪頭的木賊芋原生族群。（余勝焜
　攝）

10　國家音樂廳的綠色植生牆，多數是天
　南星科的附生植物。

附生植物與生活　　65

好像翠綠樹毯
一樣包覆著巨
木的小膜蓋蕨。

附生蕨類

　　除了前文介紹過的山蘇，還有很多附生蕨類在我們的日常生活中佔有一席之地。據統計全世界有將近二萬八千種維管束附生植物，佔所有維管束植物的百分之九，這二萬八千種附生植物裡，有十分之一是蕨類。

　　蕨類可說是樹冠層界的人生勝利者，在台灣從海拔三千公尺到海岸林都可以看到附生蕨類的蹤跡。而台灣堪稱蕨類之島，在小小的島上竟然有將近 800 種蕨類，也因此在台灣將近 350 種維管束附生植物中，有一半都是蕨類植物，其中水龍骨科和骨碎補科的附生蕨類植物，就佔了全台附生植物的二成，可說是附生蕨類中的大戶。

1　膜蕨科的植物葉片只有單層細胞，可以直接吸收空氣中的水氣。
2　大葉玉山莢蕨比玉山莢蕨多幾對羽片，通常附生在中高海拔的針葉樹冠層。
3　骨碎補科的小膜蓋蕨能在霜降季節落葉度冬。

根據研究統計，全球 60 種骨碎補科蕨類全是附生植物，全球 1,441 種水龍骨科蕨類，則有 1,252 種是附生植物。水龍骨科是一個超級大科，又分為六個亞科，分別是：劍蕨亞科（Loxogrammoideae）、槲蕨亞科（Drynarioideae）、鹿角蕨亞科（Platycerioideae）、星蕨亞科（Microsoroideae）、禾葉蕨亞科（Grammitidoideae），以及水龍骨亞科（Polypodioideae）。除了鹿角蕨屬以外，其餘的分類群台灣都有原生物種，而鹿角蕨近年來成為園藝界的新寵兒之後，也大量引進歸化在台灣了。

　　水龍骨和骨碎補的中文科名都有個骨字，自古以來是中國人的藥用植物，以其根莖入藥，據藥典記載，前者有祛風利濕、解毒退熱的功效，後者主要用於治療跌打損傷，不過近年來應該很少人用來入藥了。骨碎補倒是常見的園藝植物，因其毛絨絨的根莖甚為可愛，園藝業者取名為兔腳蕨。其實幾乎所有的水龍骨科和骨碎補科蕨類都很適合作為室內園藝植物，它們耐旱、不太需要全日照又美觀，而且附生植物通常可懸掛或上板種植，很適合寸土寸金的都會環境，難怪近年來大受歡迎。

4　蕨類的孢子細小，在樹冠層高處可以隨風飛散拓展領域，圖為海州骨碎補。

5　骨碎補有毛絨絨可愛的走莖，園藝業者命名為兔腳蕨。

6　大部分蕨類都跟台灣水龍骨一樣，具備長走莖適合垂直攀爬樹幹。

7　很多水龍骨科的附生蕨類有兩型葉，如圖中槲蕨的腐植質收集葉，另為營養兼繁殖用的孢子葉。

8　台灣兩大類鳥巢蕨是山蘇和水龍骨科的崖薑蕨。

9　水龍骨科的玉山茀蕨是台灣海拔分布最高的附生蕨類。

10　強韌的水龍骨科伏石蕨在台灣隨處可見，甚至可以附生在真菌上。

11　水龍骨科的石葦非常耐旱，就算長時間失水也能復甦生長。

生長在南投山區岩壁
高處的一葉蘭族群，
春季盛放的景象。

附生蘭科植物

就算是對植物再無感的人，應該也注意過婚喪喜慶或選舉場合裡那些五顏六色的花籃，其中主角多半是蝴蝶蘭，也就是台灣園藝育種的強項之一。蝴蝶蘭正是不折不扣的附生植物。

在台灣樹冠層可見的附生植物以附生蘭和蕨類為兩大分類群，放眼全世界大概也差不多，只不過在美洲的新熱帶（Neo tropics）還多了附生鳳梨科植物這個大分類群。

附生植物中，附生蘭大概是最吸睛的。畢竟歷史上出現過狂蘭症（orchidelirium）這種流行病，直到現在仍持續感染人類呢（笑）。

說到狂蘭症，始於 15 世紀末西方人到熱帶地區的探險，陸續帶回熱帶雨林的珍奇植物，擄獲了歐洲富人、尤其是英國貴族的心。富有的蒐藏家重金建造玻璃溫室以培養這些嬌貴的熱帶植物，並爭相炫耀，這股風潮在 19 世紀中的維多利亞時代達到高峰。英國苗圃商桑德斯（Frederick Sander）為了滿足上流社會的需求，重金派出許多不怕死的手下到亞洲及美洲的熱帶搜刮

蘭花新種，甚至在哥倫比亞的熱帶森林砍伐了四千棵樹，只為了收集長在樹冠層的上萬棵蘭花，獵手寫給老闆桑德斯的信中寫著：這區已經被我砍伐殆盡，以後不用來了。

　　由此可知狂蘭症之兇猛，和 17 世紀的鬱金香熱（Tulip mania）一樣令人摸不著頭緒。直到 1922 年，植物學家努森（Lewis Knudson）發明了利用培養基無菌播種蘭花的方法，才讓狂蘭症慢慢消退，此法降低了蘭花取得的門檻，也同時減輕野生蘭被獵採的壓力。

　　不過原本遍布台灣東部及恆春半島的台灣原生種的白色蝴蝶蘭，暱稱台灣阿嬤的 *Phalaenopsis aphrodite subsp. formosana* 卻在長久的大量獵採下幾乎從野外絕跡。類似的故事還有台灣一葉蘭（*Pleione formosanum*），原本也是廣泛分布於全台灣 1,200 至 2,500 公尺霧林帶的蘭科植物，生長於苔蘚覆蓋的邊坡、岩壁，或附生

於樹冠層，因為花朵碩大美麗，台灣一葉蘭早在 1920 年便獲選英國皇家園藝會獎，也因而慘遭濫採，現在已經很難看到大批盛放的景象。不過在盜採人無法觸及的檜木林樹冠層，野生一葉蘭仍忠實捎來每年春天的訊息。

除了非法採集之外，台灣一葉蘭也因氣候變遷而面臨族群縮減的危機。過去幾年我在棲蘭的棲地已經發現由於夏季的高溫乾旱，導致一葉蘭的開花結實率明顯下降，甚至雖有果莢產出，但種子的品質不佳，萌芽率甚低的現象，而其生育地偏好的苔蘚包，也因為乾旱而乾燥掉落，進而影響球莖的生長。霧林帶因為長年受到雲霧的滋潤而保持高濕環境，孕育於此地的物種更容易因為氣候變遷或極端氣候事件而受害，是值得我們投入更多資源來關注與保育的生態系。保存原始森林的環境就是保育台灣附生蘭科植物最有效的方法，希望福爾摩沙世世代代的子民，都能繼續在森林裡看到其美麗的花朵。

1 位於台灣南部山區樹冠層高士佛豆蘭繁茂的族群。

2 生長在棲蘭紅檜樹冠層上的阿里山豆蘭（別稱：百合豆蘭），是原生豆蘭中花朵最大型的。

3 利用種子無菌播種可以大量繁殖一葉蘭，但技術門檻較高。

4 寶島喜普鞋蘭是我致力復育的蘭花。

欣欣向榮的黃精長在超過
30 公尺高的雲杉上。

天門冬

　　如果你對中藥略知一二，一定聽過潤肺滋陰植物天門冬（*Asparagus cochinchinensi*），藥用的部分是其紡錘型塊根，曬乾後呈現白色透明。記得有一陣子台灣南部很流行喝普洱茶，沖泡時會添加也是同科沿階草屬的植物麥門冬（*Ophiopogon japonicus*）塊根。

　　西元 2000 年前，分類學上仍將許多天門冬科植物隸屬於百合科（*Liliaceae*），這科的植物跟百合科一樣多半都可以作為藥用植物。我在近年的巨木老樹調查時，偶遇不少美麗的天門冬科附生植物，甚至有植物分類學家認為其中幾種應該是新種，正在收集佐證資料發表當中。這些物種族群量其實很小，大部分個體發現於樹高超過 30 公尺的老樹甚至是神木上，由此可見老樹對保育稀有附生植物的重要性。

　　我曾經在離地超過 30 公尺的雲杉樹冠層看到天門冬科的

1　2014 年攀爬南投的雲杉，是我首次在樹冠層看到狹葉七葉一枝花與黃精。
2　生長在鹿林紅檜神木上的台灣黃精。
3　疑似新種的黃精，葉片對數較少，植株較小，莖上有紅斑。
4　侷限分布於清水山的變種萎蕤是稀有植物。
5　另一種侷限分布於大屯山的萎蕤變種。（葉名峻攝）
6　新種黃精在紅檜巨木樹冠層的生育地。

黃精（*Heteropolygonatum spp.*）與狹葉七葉一枝花（*Paris polyphylla var. stenophylla*）繁茂生長。台灣黃精（*Heteropolygonatum altelobatum*）是台灣特有種，屬於稀有植物，過去的採集紀錄都在比較低位附生的中海拔霧林帶殼斗科大樹上，可能是因為巨木的樹冠層難以親近。後來我在鹿林神木等神木等級檜木上也不時記錄到，若想了解台灣黃精的族群分布，必須進行原始巨木的樹冠層調查。

除了黃精，樹冠層還可以發現另一類天門冬科植物：鹿藥（*Maianthemum spp.*）。鹿藥也是一種藥用植物，台灣鹿藥（*Maianthemum formosanum*）常見於高海拔區域，如雪山圈谷或南湖圈谷的玉山杜鵑林下，另外還有一種分布在中海拔霧林帶，個體比較大型的原氏鹿藥（*Maianthemum harae*），這些都是地生型的鹿藥。但我近年來在棲蘭的檜木林區，發現有附生在扁柏樹冠層的鹿藥，據推測極有可能是新種鹿藥，顯然原始樹冠層還有許多人類尚未發現的資源喔。

7 百合科的阿里山假寶鐸花。（余勝焜攝）
8 南投寶鐸花。乍看之下與阿里山假寶鐸花十分類似，卻分屬天門冬科與百合科。
9 地生在南湖圈谷的台灣鹿藥。
10 原氏鹿藥植株較大，也是地生植物。
11 近年來在棲蘭樹冠層發現的附生型鹿藥。
12 天門冬是一種中低海拔地有刺藤本植物，常作為藥用。

生長在扁柏樹冠層的
高山越橘，漿果看起
來很可口。

越橘

　　當你在超市購買柔嫩多汁的進口藍莓時，應該很難想像它也有附生植物的版本吧？

　　越橘屬（Vaccinium）是另一類常見的附生植物分類群，屬於常綠灌木，也有蠻多是地生型物種。vaccinium 在古典拉丁語中指的是一種漿果，大部分越橘屬的果實都可以食用，而近代重要的栽培果樹，包含藍莓和蔓越橘等也都是越橘屬植物，北美洲原住民自古以來便有食用越橘的習慣。

　　台灣有九個原生種，其中有四種是附生植物，分布在中高海拔的原始森林，包含珍珠花（又稱長尾葉越橘 Vaccinium dunalianum var. caudatifolium）、凹葉越橘（Vaccinium emarginatum）、高山越橘（Vaccinium merrillianum）與毛蕊花（或稱毛蕊木 Vaccinium japonicum var. lasiostemon）。珍珠花和凹葉越橘常見於大樹上，都是直立型灌木，花朵皇冠狀十分小巧可愛。高山越橘比較迷你，常見於檜木林的樹冠層，苔蘚厚實潮濕的地方。毛蕊花的分布海拔比較高，可以分布到海拔將近 2,500 公尺的鐵杉林，有時會附生在岩壁上，枝條扁平有

稜，落葉的時候有點像某種多肉植物。

越橘的親戚還有附生型的杜鵑：附生杜鵑（vireya rhododendrons）。台灣只有一種附生杜鵑（Rhododendron kawakamii），以川上氏為名，通常附生在檜木或其他針葉樹巨木上，偶見於殼斗科大樹，幾乎不曾在中小喬木的樹冠層上發現，是霧林帶生態環境良好的指標植物。川上氏附生杜鵑的花冠筒狀，顏色鮮黃十分美麗，由於自然界鮮少有黃色的杜鵑因此令人印象深刻。不過附生杜鵑無法適應台灣平地炎熱的氣候，很難栽培。

雖然越橘屬和附生杜鵑屬的植物在台灣平地比較難栽培，但在歐美都是很受歡迎的園藝植物。由於具有觀賞價值，還發展出各式各樣的園藝交配種，家族非常龐大。附生型物種栽培方法跟附生蘭接近，目前台灣也有人引進一些耐熱的附生杜鵑園藝品種，以及熱帶藍莓果樹。我栽培後發現結果性良好，好看又好吃，推薦有興趣的讀者嘗試看看。

1　我在某年夏天於蘇拉維西的山地霧林健行時，見到盛花的附生杜鵑。
2　我在盛夏攀爬 60 餘公尺高的香衫，在樹冠層發現盛花的附生杜鵑。
3　生長在香杉巨木上的珍珠花。
4　生長在紅檜巨木上的凹葉越橘開花，花色很像紅白塑膠袋。
5　毛蕊花分布海拔較高，攝於西巒大山，花季 6 至 7 月。
6　凹葉越橘最明顯的特徵就是貯水的塊根，民間有採集入藥。

PART **III** 東北季風吹拂區的森林總是水潤潤、綠油油。

台灣是研究附生植物的天堂，
尤其是岳界指稱為中級山山域的山地霧林帶。
台灣的山地霧林面積一點也不小，
擺在世界地圖上絲毫不遜色，
而且由於季風與山區地形複雜的加乘作用，
衍生出非常多樣化的植物相。
研究不同地理區域包含不同植物組成的現象我們稱之為植物地理學，
本篇即是針對台灣附生植物地理學的歸納與整理。

到哪裡找
附生植物？

在東北部海拔 1,500 公尺左右的
山區，常見台灣原生的水苔。

東北季風吹拂區

　　每年 10 月入秋之後，宜蘭、北海岸、陽明山，甚至台北市，都會轉為濕涼天氣，不像夏天爽快的午後傾盆大雨，而是鎮日毛毛細雨，有時需要打傘，有時不必，這就是東北季風雨。

　　台灣的天氣系統主要受兩大盛行季風影響，一是東北季風，由 10 月到隔年 2 月，主要影響東北部的迎風面區域，有時強烈的東北季風甚至會沿著海岸山脈南下，從恆春半島切入內陸，這也是國境之南的落山風由來。

　　另一種盛行季風是夏天的西南氣流。一般來說中南部夏天午後的雷陣雨，成因除了熱對流以外，也有西南氣流帶來的大雨。有時行經台灣附近的颱風會從南亞及中南半島引入強勁的西南氣流，造成災情，譬如說千年一見的莫拉克風災，造成嚴重土石崩塌的主因即是颱風過後西南氣流所帶來的短時間強降雨。

2

　　東北季風帶來軟軟的雨絲，為東北部山區森林提供恆久而可靠的滋潤，因此東北季風吹拂區的森林總是水潤潤、綠油油；東北季風也帶來北方的種源，我在第一章有提過由於附生植物用來繁殖的種子或孢子都十分細小，可以隨風飄散極長距離。台灣東北季風氣候區的附生植物，與北方的日本沖繩島嶼等區域也常有親緣關係，物種組成較為相似，是植物地理學上有趣的案例。本區也是我從事附生植物研究的起點。

　　住在台灣北部的讀者，想要親近附生植物，最容易入門的地點就是宜蘭員山鄉的福山植物園及其周邊山區，及新北市烏來鄰近山區。上述兩個區域若是以交通工具到達，則屬於不同縣市，但若採取步行，則是一整塊連結的山區，例如有名的哈盆越嶺路線，便是串聯兩個區域的古道。類似古道還有桶後越嶺，都是可以在一至二天內完成、一飽北部低海拔原始森林生態和豐富附生植物社群的路線。

1 哈盆越嶺古道連結新北與
  宜蘭，可以觀察到豐富的
  低海拔闊葉林生態。
2 民眾可搭乘中型巴士進入
  棲蘭神木園區健行。
3 棲蘭山區的檜木林是台灣
  世界自然遺產的潛力點之
  一。
4 福山植物園豐富的附生植
  物種類。
5 造訪烏來的內洞林道，除
  了可以欣賞附生植物，還
  能吸收大量的森林負離子
  與芬多精。

到哪裡找附生植物？　　89

烏來山區林務局轄下的內洞林道或信賢步道，都是能近距離輕鬆觀察附生植物的路線。宜蘭員山的松羅湖步道，或是老少咸宜的九寮溪步道，都是很適合近距離觀賞東北季風氣候區附生植物生態的地方。

進階一點的讀者可以把觸角伸入需要比較多健行經驗的中級山，譬如說烏來信賢部落裡的荼墾山和模故山，新北與桃園交界的玫瑰西魔山，甚或是跨及桃園北橫山區的拉拉山和巴博庫魯山，海拔介於 1,500 公尺左右的這個山區，就是典型的山地霧林帶，以檜木（扁柏及紅檜）為主，穿插香杉和台灣杉等巨木，以及殼斗科的闊葉樹，終年雲霧繚繞，加上東北季風帶來充沛降雨，維管束附生植物和非維管束附生植物的苔蘚種類都非常豐富。

最後要特別介紹的就是我現在的研究地點棲蘭山區了。棲蘭野生動物重要棲息環境是林務局公告的保護區，範圍跨及台北、宜蘭、新竹及桃園縣交界，涵蓋鴛鴦湖自然保留區，是台灣極有潛力申請聯合國自然遺產的生態系。在棲蘭的原始檜木林，與其它針葉樹巨木的原始林樹冠層之上，分布著豐富而多樣性的附生植物，等待研究者去探索。大家可以去申請進入棲蘭神木園，搭乘中型巴士進入走走，別忘了抬頭往樹冠層梭巡，這裡的附生植物之美肯定不會讓你失望。

6

6　福山植物園的低海拔闊葉林是我從事附生植物研究的起點。

7　荼墾山往新北、桃園交界的玫瑰西魔山區域，是東北季風吹拂區最有看頭的紅檜原始林之一。

8　由於雨水豐沛，東北氣候區有許多高山湖泊，譬如松羅湖步道，或是圖中的神代池，湖周邊通常有豐富的附生植物生態。

9　位於宜蘭玉蘭村附近的九寮溪步道，老少咸宜且能觀察到很多附生植物。

此區石灰岩地形孕育了很多特有的植物種
類。圖為我站在塔山登山步道上的山月岩。

拔地而起的石灰岩地帶

　　如果要說台灣哪個山區的山最難爬，私以為是花蓮的中級山，或許有人不同意，且聽我娓娓道來。

　　我的花蓮中級山調查旅程始於清水大山，將近 20 年前的清水大山還是一座只在植物學界著名的山，一般登山客鮮少駐足，與海岸的直線距離僅有四公里，位於東北季風第一線的迎風面上，清水大山的植物種類顯現出極為特別的壓縮分布，某些在三千公尺以上高海拔區域才能生長的植物，譬如說奇萊喜普鞋蘭，卻生長在清水大山山頂，分布海拔足足下降了快一千公尺，是非常奇特的生態現象。除此之外，清水大山還有許多分布狹隘的特有植物，台灣有 20 種以上的植物以清水大山命名，譬如清水圓柏。

　　北花蓮的石灰岩山區有許多充滿個性的山，最負盛名的就是岳界稱的太魯閣七雄，由北往南分別是：曉星山、二子山、清水大山、三角錐山、江口山、塔山與豬股山。這七座標高在 2,500 公尺左右的中海拔山頭，皆位於花蓮縣秀林鄉境

1 清水大山是太魯閣七雄之首，山頂全為石灰裸岩
地形。

2 從曉星山眺望太平洋的日出。由於緊鄰太平洋，
此區每天下午都會有來自太平洋的水氣。

3 東部的石灰岩中海拔森林，附生蘭生態十分精
采。

4 稀有的寶島喜普鞋蘭只生長在非常狹隘的石灰岩
霧林帶。

5 此區多雨的氣候常讓登山者苦不堪言。

6 花蓮東部山區的地形陡升，山峰陡峭。此為研海
林道眺望大斷崖山。

內，秀林鄉 99％的面積都是陡峭山地，唯有百分之一是立霧溪及和平溪的沖積扇平原，世居於此的太魯閣原住民族，在高山峻谷的傳統領域中來去如風，也難怪日本殖民政府始終對統治太魯閣族束手無策，直到 1914 年的太魯閣戰役，才以優勢武器及軍力成功鎮壓，不過也付出了折損佐久間大將的慘痛代價。

這片少有登山客跨足的山域仍保有早期原始森林的樣貌，附生蘭種類十分精采。不可諱言的，總是有些自私的人想要擁有野生蘭，或是採集販賣，導致越多登山客造訪的山區，野生蘭族群越少，尤其是小巧可愛的附生蘭，更是植物獵人最喜歡的對象。

與太平洋直線距離都在 20 公里以內的花蓮北部山區，每天由海洋吹來的潮濕空氣，在沿著山地爬升到海拔 1,000 公尺以上時，由於氣溫隨海拔下降，水氣凝結而形成濃厚雲霧帶，通常在中午過後霧氣生成縈繞森林，仙氣逼人，從樹冠層

6

到覆滿苔蘚的森林地表，整座森林好像一塊碧玉般閃閃發亮。

　　因此我對這個山區可說又愛又怕，愛的是其原始的霧林生態、瑰麗的附生植物族群，但也是其原始森林的草莽野性，讓人吃盡苦頭。由於少人行走，勉強稱為登山步道的多半路跡不明、植被茂密，濕滑且充滿腐木的坑洞。夏天濕熱、蚊蟲螞蝗橫行，秋冬又終日雲霧籠罩、濕冷無比，連接山區的林道通常芒草密布，鑽行 100 公尺的草海便能讓人狼狽不堪。不過偶爾、很偶爾遇到的好天氣，或是天氣忽然轉晴出大景，當陽光穿過樹冠層的瞬間、所謂的「耶穌光」撒布整座森林時最是迷幻，當你吸吮著霧林裡充滿芬多精的清芳霧水，全身的泥濘與狼狽、攀爬路程的辛苦與身體上的不適似乎都不算什麼了。

　　只能說這片山區是對附生植物生態、或台灣原始霧林上癮者會一直造訪的地方。或許，痛苦的經歷最難忘，報酬卻最迷人吧。

10 | **11**

12

7　風衝處的稜線，森林多半矮小扭曲，有許多附生蘭
　　分布。

8　突然放晴時在林中灑下的耶穌光療癒人心。

9　東部山區常見過去遺留的伐木遺跡，圖為廢棄的嵐
　　山鐵道。

10　本區森林在雨霧迎風面的稜線，可以觀察到猶如窗
　　簾般懸掛的苔蘚。

11　此區森林常見森氏櫟大樹，長滿各種附生植物。

12　咬人會痛的金線大螞蝗更是此山區的特產。

南坑溪巨木上茂盛的附生植物生態。

彩虹橋的故鄉

許多原住民族群都有關於彩虹的傳說，其中泰雅族有關祖靈庇蔭的彩虹橋傳說大概是最廣為人知的吧。本篇就要來介紹北部泰雅族人倘佯的新竹泰崗溪流域和台中大安溪流域一帶山區。這裡的氣候溫暖潮濕，除了泰雅族人在此安居樂業，也是很多附生植物的樂園。

攤開台灣的地形圖，西北部的雪山山脈位處東北季風背風面，加上夏季颱風多半從東部太平洋進入，此區受到的颱風直接衝擊較小，因此雪山山脈從北部的尖石鄉，到南邊的和平區，皆屬氣候溫和適宜人居，當然也適合附生植物生長。我近年來所探勘超過 70 公尺的巨木，很多分布在這個地理區域，可說是不折不扣的植物生態樂園。

不過也因為山區比較平易近人，這裡的原生植物比較容易受到人為干擾，或因開發而滅絕，譬如說苗栗南庄的加里山，近峰頂的地方原本有一塊岩壁長滿台灣

1 雪山山脈西側的氣候溫和,適宜人居,當然也適合附生植物的生長。圖為泰雅族原住民在冬陽下曝曬織布所需的苧麻。

2 本書作者之一余勝焜曾於谷關七雄的東卯山,為一叢極為壯觀的新竹石斛白花變種,攀樹攝影記錄。

3 尖石鄉的鎮西堡神木步道可以觀賞到檜木林的附生植物生態。

4 雪霸國家公園管理處會在雪見遊憩區舉辦樹冠層探索活動,開放給民眾參加。

5 我近年來所探勘超過 70 公尺的巨木中,很多分布在這個地理區域,可說是不折不扣的植物生態樂園。圖為南坑溪流域的台灣杉,樹冠層布滿茂密的附生植物。

6 喜歡生長在巨木樹頂,超過 60 公尺棲地的毛緣萼豆蘭。

7 在這幾座山的岩壁上可以觀察到許多附生植物棄攀樹而改攀岩。圖為岩壁上的陰石蕨。

8 鳶嘴山與稍來山是中部山友最喜歡挑戰自己對暴露感的耐受度的漂亮岩峰。

9 大雪山步道上的檜木林十分壯觀,且易於親近。

10 加里山步道上的一葉蘭已成追憶。

一葉蘭，卻在一夜之間被盜採一空，頗令人悲傷。又例如我和本書另一位作者余勝焜曾在谷關七雄的東卯山，為一叢極為壯觀的新竹石斛白花變種，攀樹攝影記錄，最終竟成為遺照。這叢新竹石斛後來被宵小採集一空，徒留倩影。

即便如此，本區的中海拔森林生態和附生植物還是很有看頭。從老少咸宜的尖石鄉鎮西堡步道進入，便可欣賞壯觀的檜木林與樹冠層生態。同屬於尖石鄉的還有內鳥嘴、北得拉曼神木步道，秋天還有變色的山毛櫸可以觀賞。再往南一點苗栗南庄鄉的加里山，及鄰近的哈勘尼山等，都是森林生態豐富，且可以在一天來回的優質步道。

雪山山脈南段，例如雪霸國家公園的觀霧、雪見遊憩區每年都會舉辦樹冠層探索活動，開放給民眾參加樹冠層吊橋的攀樹體驗。位於東勢及和平區的大雪山林

雪山坑除了可以觀察山蘇林，巨人之手也是著名景點。

道也是探索中海拔檜木林的好地方，秋天可以賞楓紅，也是鳥友最喜歡駐足欣賞山鳥的區域，這裡的檜木與東北季風氣候區相比，較為筆直挺拔，樹冠層的附生植物乍看之下比較少，比較清爽，但其實種類十分豐富。我曾在南坑溪神木的樹頂、超過 70 公尺的地方觀察到毛緣萼豆蘭這種稀有的附生蘭，要不是湊巧爬到那麼高的地方，應該創世紀以來也不會有人發現吧（笑）。

　　另外，大雪山林道中途的鳶嘴山與稍來山，是中部山友最喜歡挑戰自己對暴露感耐受度的漂亮岩峰。這幾座山的岩壁上可以觀察到許多附生植物棄攀樹而改攀岩，也是一絕。此外中部登山界非常熱門的谷關七雄，也是觀察附生植物的好路線，步道系統完善，而且多半可以一日來回，值得安排踏青賞玩植物。

中央山脈中部有片比較大的陷落區。

中央山脈的心臟地帶

　　附生植物最喜歡溫暖潮濕的森林，因此海拔超過三千公尺的冷杉林或圓柏林很少在樹冠層見到維管束附生植物，頂多看到一些地衣或苔蘚生長。我見過海拔分布最高的維管束附生植物大概是雪山圈谷的玉山蕨，甚至是附生在岩石上的。

　　不過台灣高聳的護國神山－中央山脈，於南投花蓮之間其實有塊比較大的陷落區，有一些潮濕避風的溪谷，例如中央山脈西側的丹大溪和郡大溪，東側的馬太鞍溪及拉庫拉庫溪等等。

　　這些溪谷成為高聳巨木避風成長的樂園，同時因為溪谷的霧氣，與太平洋帶來的水氣，成為附生植物喜愛的棲地，有豐富的附生植物族群。只是大部分山區都沒有聯外道路，僅能步行前往，算是比較「上級者」的路線，不過也因此森林生態能保持原始，更有看頭。

1　雲杉樹冠層滿布豐富的附生植物，如枝條上的高山絨蘭和凹葉越橘的塊根。
2　在高海拔區域，附生植物通常生長在比較陰暗、濕涼溪谷的森林裡。
3　高大的雲杉沐浴在每天午後因為地形作用產生的霧氣裡。
4　丹大林道上的大鐵杉，樹形開展，樹冠層有許多附生植物。
5　卡社溪谷中台灣杉樹冠層上的鞘唇蘭開花。
6　夕照下卡社溪谷的針葉霧林。
7　二裂唇莪白蘭也是高海拔針葉樹上的常客。
8　雙龍林道紅檜樹上茂盛的阿里山豆蘭。

其實要拜訪這些山區，花蓮山區倒也有一些現成的林道或步道可以前往，像是瑞穗林道、萬榮林道、中平林道和瓦拉米步道等等。不過東部山區地形陡峭，地震及豪雨等災害較多，出發前最好向當地人或在登山社團確認一下通行狀況比較安全。

從中央山脈西部進入的話，有幾條古道或林道可以依循，例如丹大林道和日八通關古道，都是近年來的熱門路線。只不過在古道或林道行進時，若想尋找附生植物得有一些技巧，林道或步道通常依山勢開鑿，有時會攀越裸露的向陽稜線，有時會穿過陰涼的溪谷區域。看到這裡，讀者想必可以推測附生植物通常是生長在比較陰暗濕涼的溪谷區域森林吧。也就是說，觀察附生植物的時候不要瞎忙瞎

9 | **10**

看，先尋找目標物種可能生長的棲地和生態，才能成為專業級的植物觀察家。

　　中央山脈的森林還有一個很有趣的生態現象：大山塊加熱效應。這是 20 世紀初期由德國生態學家 Schröter 提出的假說，描述在山體質量較大的區域，氣溫隨海拔上升而下降的速率較慢。因此過去有植物生態學家觀察到在台灣中央山脈的心臟地帶，森林植群比南北山區的同一類植群，分布海拔有上升的現象。

　　我過去研究台灣喜普鞋蘭（一種原生拖鞋蘭）時也有觀察到這種現象，在南投山區通常長到海拔 2,500 公尺以上的台灣喜普鞋蘭，在臨海的清水大山海拔分布才 1,500 公尺左右，整整低了一千公尺。對環境格外敏感的附生植物可能也有這種傾向，尚待我們深入研究。

9　中央山脈潮濕避風的溪谷是附生植物喜好的棲地。

10　清八通關古道的石階上密布厚厚的苔蘚。

11　在潮濕的森林裡，地生的（翹距）根節蘭有時會攀附在樹上生長。

炎熱潮濕的生態很適合低海拔
附生植物生長。圖為長在檳榔
上茂密的帶狀瓶爾小草。

島嶼之南

　　台灣是個橫跨北回歸線的高山之島，島嶼南方已是南國的熱帶氣候，適合熱帶的附生植物生長。因此，台灣能見到的附生植物種類，涵蓋了熱帶到高海拔的溫帶植物，甚至高寒地的苔蘚、地衣，是研究附生植物的寶地。

　　不過即便是小小的台灣島嶼之南，森林植群也千變萬化，更別說是長在樹上的小小附生植物了，小區域的多樣性更是驚人。

　　舉例來說，位於中央山脈卑南主山以南的山區，岳界稱之為南南段，這區的氣候同時受到冬天東北季風與夏天西南氣流的影響，與海岸的距離都不超過 10 公里，直接受到海風帶來的水氣的影響。此外東北季風在恆春半島變成強烈的落山

1

1 恆春半島的溪谷生態。這裡已經是不折不扣的熱帶景象，棕櫚科和藤蔓植物密布森林中，穿插人類耕作的痕跡，例如檳榔。

2 南南段山區的高海拔並沒有冷杉和圓柏。造型鐵杉是北大武山稜線的著名風景。

3 在島嶼之南的中高海拔，受到東北季風落山風的影響，迎風面多是低矮的灌木。

4 南大武東部的迎風面山區，台灣杜鵑上的苔蘚包與棲蘭山區如出一轍。

5 在南大武山區能見到和棲蘭山區一樣的南亞紫葉蘚分布。

6　大鬼湖山區是魯凱族的聖地，植物生態十分原始。

7　我在鬼湖山區看到颱風吹落的巨大金草附生蘭。

8　鬼湖的入水口，翠綠的苔蘚十分迷人。

9　原始的鬼湖山區不難看到台灣黑熊的排遺，裡面有其食用的動物毛髮和牙齒。

10　鬼湖山區森林擁有非常豐富的台灣杉族群。

風，迎風面的森林非常低矮，背風面的森林則潮濕。過去在這區域山區活動的是百步蛇的子民魯凱族與排灣族，留下許多石板屋與耕作遺跡，可說是兼具人文與生態的迷人地區。

因為西南氣流引入東南亞的種子與孢子，南南段的附生植物帶有不少中南半島特色，譬如浸水營古道周邊山區裡，分類學上最知名的特有種附生蕨類，多半與東南亞的物種有親緣關係。而在蘭嶼和綠島，則可以發現跟菲律賓有親緣關係的附生蘭（蘭嶼的達悟族與菲律賓的巴丹島民也有親緣關係）。台灣就是這樣一個位於生態與文化過渡區域的島嶼，值得玩味。

從上述區域往北一點越過北大武山，是中央山脈南段的高山湖泊散布區，有著巴冷公主浪漫傳說的大鬼湖是本區亮點。岳界也有將此處湖泊串聯起來的行程，

八八風災重創南部山區，我於 2016 年探勘時還可見大量的崩塌地。

從萬山神池開始，稱之為神鬼五湖，過去此處較少有人探訪，充滿蠻荒和神祕氣息，八八風災之後，本區的登山步道變得更加破碎危險。鬼湖區域的附生植物相其實非常豐富，由於到訪不易，生態調查資料仍然十分缺乏。

除了前述兩個比較大的植群區域之外，島嶼南方還有很多可看性很高，值得深入研究的山區，譬如我曾經工作過的六龜山區，包含周邊的扇平、藤枝、那瑪夏（南橫）山區，可惜也因為八八風災受到重創，當時同樣受到重創的還有好茶、多納、霧台鄉等等。不過台灣本來就是個山地活動變動頻繁的島嶼，島上生態具有一定的韌性與恢復能力，我只希望因為氣候變遷造成的極端氣候不要太劇烈、變動太快，以至於森林和其它生物來不及適應才好。

在南部的公路上可以看見攀爬
到檳榔樹上的火龍果。火龍果
也是仙人掌科的附生植物。

公路也可以

　　觀察附生植物不一定要用雙腳翻山越嶺，山區道路也是觀察附生植物的好方法。隨著海拔上升，可以輕鬆看到植物由低海拔到高海拔的漸進變化，森林組成和植物種類都會慢慢改變。這也是我在山區健行最喜歡的遊戲，看著周遭樹木種類隨著海拔上升，某些樹種變少，某些則慢慢出現，有時拐個彎進入山谷，或登上稜線，樹種就會有很劇烈的變化。或許這是森林生態學家的宅趣味吧，長程負重健行的時候，一邊觀察植物便不覺得那麼疲累了。

　　前一篇文章談到島嶼之南，那我就由南細數吧。

從南部出發的話，要觀察附生植物可以考慮走舊南迴公路（避過高架路段），中間可以經過林務局的雙流森林遊樂區。雙流的名氣雖然不如其他森林遊樂區，但其實生態環境保持得非常好，來自東部的海風在南迴公路最高點、海拔460公尺的壽峠越過稜線，形成潮濕多霧的氣候，因此雙流的附生植物族群很豐富，附近的原住民部落便是以栽種山蘇為經濟來源之一。

再往北一點便是南橫公路，不過單走南橫公路太無聊了。我想介紹連結阿里山山美地區到高雄那瑪夏的鄉道嘉129，其支線129-1連結茶山到青山，是一條蜿蜒的小鄉道，也曾在八八風災時受到重創，但沿路的闊葉樹成林，樹冠層長滿附生植物，連茶山村居民所栽種的苦茶樹上也長滿台灣風蘭，堪稱觀察附生植物的祕境。

回到嘉129的起點大阿里山區域，那更是附生植物的天堂。阿里山自古就以雲海和檜木林聞名，是日治時代三大林場之一，可見其巨木森林之壯觀。阿里山山脈處在西南氣流的第一道迎風面，每天從台灣海峽吹過來的水氣蒸騰，抵達海拔二千公尺左右形成雲霧，滋養著這裡的森林和附生植物。除了阿里山森林遊樂區，我特別推薦鄰近特富野的拉拉克斯神木群，此處紅檜巨木上的附生植物是我見過數一數二豐富的。

1 透過公路觀察植物的好處是隨著海拔上升，可以看到植物組成的漸進變化。圖為台七甲的思源埡口，這裡是附生植物的大本營。

2 紅檜巨木樹冠層的野生蘭、鸛冠蘭開花。

3 行經舊南迴公路的雙流森林遊樂區時，不妨駐足欣賞這裡的潮濕森林。附近原住民部落以栽種山蘇為經濟來源之一。

4 茶山村溫暖潮濕，連居民栽種的苦茶樹上也長滿台灣風蘭。

5 那瑪夏的鄉道嘉129，及其支線茶山公路，是觀察附生植物的祕境。

6 行經山區公路時，不妨用心觀察某些爬到邊坡上的附生植物。圖為盧山石葦。

7 大阿里山區域鎮日雲霧繚繞，是附生植物的天堂。

8 特富野的拉拉克斯神木群，有壯觀的紅檜巨木。

離開阿里山之後，可以走新中橫公路，經過玉山國家公園的鹿林神木，再下至神木村，拜訪全世界最高的樟樹公神木。樟樹公除了長得很巨，樹冠層更是滿滿附生植物，經我調查，這棵樟樹公神木上有超過 30 種維管束附生植物，簡直就是一個複雜的生態系，由此可知老樹保育的重要性。

沿著新中橫下至水里，再沿東南亞最高的公路台 14 甲爬上合歡山，很少人知道途中會經過瑞岩溪保護區。這個保護區有一條水管路可以健行，雖然目前可通行的距離僅約四到五公里，但絕對值得駐足探訪，因為途經的迷霧森林，以及樹冠層滿滿的附生植物族群實在太療癒了，就算不知道種類也無妨，吸一口滿滿的芬多精足矣。

若是還不過癮，那就通過公路最高點武嶺繼續前進吧！在大禹嶺接上中橫台 8 線，往東可以抵達天祥、太魯閣，觀察石灰岩地帶的森林植群及附生植物，中間不忘駐足羊頭山登山口，有很美的威氏帝杉森林，樹上還長著滿滿的附生蘭。

往西的話通過梨山，可以接上省道台七甲，在思源埡口之前的路段，因為鮮少受東北季風影響，這裡的附生植物和思源埡口東側的顯然不同，種類偏向之前文章介紹過的大安溪流域。而過了思源埡口之後的南山、四季平台部落，就是典型的東北季風區，附生植物種類可以參考本章節的第一篇文章。

台七甲下降至百韜橋後，若還有興致，便可以左轉接上北橫公路回到西部的桃園市大溪。北橫公路是台灣北中南三大橫貫公路中路幅最小的，植被卻也保存得最好。途中會經過棲蘭神木園、明池森林遊樂區、拉拉山森林遊樂區這些充滿巨木森林及附生植物的好地方。就算不進入森林遊樂區，公路兩旁不時也會出現老樹與附生植物，留給有心人去探索。

讀到這裡，你是否也心動了想要立刻動身呢？趕緊帶著這本書進入附生植物的精采世界吧，拜訪附生植物和它們的產地，不管何時開始，永遠不嫌晚！

9　全世界最高的樟樹公神木也在新中橫沿線，樹冠層也是滿滿的附生植物。
10　樟樹公的樹冠層，有超過 30 種維管束附生植物。
11　瑞岩溪保護區的水管路是探訪迷霧森林及觀察附生植物的好地方。
12　新中橫沿線經過的鹿林神木，是目前台灣第二粗的巨木，樹冠層長滿附生植物。
13　省道台七甲靠近武陵農場的路段，氣候較為乾燥，樹冠層除了一些耐旱的附生植物，還可以看到許多團狀的台灣槲寄生。

中級山有茂密的附生植物。

中級山的奧義

在台灣登山界，相對於超過三千公尺以上的百岳路線，所謂的中級山路線是指海拔 1,200 至 2,500 公尺左右的中海拔山區。由於台灣潮濕多雨，和中海拔雲霧帶的加持，這個海拔區域的植物更新快速、生長力旺盛，刺人的黃藤和懸鉤子特別多，加上盛行的螞蝗，以及讓人皮膚過敏的昆蟲，譬如隱翅蟲、蛺蠓（小黑蚊），常讓登山客痛不欲生。中級山的路線交錯複雜，登山人次比例上較少，路徑也多半不是明顯的稜線，路跡不明又濕滑難行，比起百岳路線，很多中級山健行的難度反而較高。甚至有慓悍的原住民朋友認為，中級山才是地獄。

不過青菜蘿蔔各有所好，岳界也是有些好手專精於中級山探勘。因為中級山區域無論在文化上，還是生態上都十分精采。原住民考古、家屋尋根、古道訪查、日治時代的隘勇線或駐在所探尋、林業史遺跡，乃至於基點標定搜尋，多半都在中級山，一些人跡罕至的森林也常常會有意想不到的景色和生物。難怪很多岳界大老對中級山探勘樂此不疲。

我對台灣中級山的興趣始於附生植物，或許是有點自虐的個性，後來竟然慢慢迷上中級山。以下分享一些行走中級山的小技巧，順帶介紹台灣中級山的特色。

中級山的裝備與穿著

中級山的路徑通常又濕又滑，如果遇上天候不佳，高筒登山鞋其實沒什麼優勢，最適合的反倒是便宜的雨鞋。五金釣具行有販賣多種雨鞋款式，從幾百塊到上千的都有，一般來說中高筒比短筒適合中級山，雨鞋雖然比較防滑，但缺點是悶熱且腳踝缺乏保護，下坡也容易頂到腳趾，因此搭配一雙好襪子十分重要。我最喜歡搭配薄的羊毛襪，抗臭又快乾，有些人則會搭配護踝和厚鞋墊加強保護。雨鞋的行走技巧與登山鞋有些許不同，這方面可能要多一點健行經驗才能體會。

中級山的有刺藤蔓植物以及蚊蟲、螞蝗特別多，所以即使天氣悶熱也建議著長袖衣褲，快乾的機能性布料是首選，但爬完一趟衣物裝備耗損很快，所以價位等級選擇就看個人的口袋深度了。幸好此區域通常不會太寒冷，衣物不用進階到雪地等級，倒是比較要求透氣度，雨衣雨褲是必備，如果裝備無法完全防水，那就多備一套衣物替換倒也無妨。

中級山路線因為植物更新快速，如果是較冷門的登山路線，或是探勘路線，路跡通常不明顯，再加上獸徑交雜，很容易迷途，所以地圖和手持 GPS 裝置一定要

1　爬起來很狼狽又很療癒的中級山。（郭鎮魁攝）
2　中級山路線常要渡溪。
3　雨鞋、雨衣、雨褲是中級山必備的裝備。
4　中級山常見的原住民獵寮，近年來也越來越稀有了。
5　中級山常見原住民先人的部落遺蹟。
6　中級山的泥塘是野生動物的天堂，有時也是水源。

帶，有的溪谷地形連 GPS 也收訊不良。雖然近年來多了衛星電話及 In Reach 等先進的通訊選擇，建議還是帶上紙本地圖。除此之外，中級山的裝備與一般山岳健行差不多。

中級山的宿營

中級山宿營和高海拔略有不同，通常在高海拔稜線，防風的帳篷比較理想，中級山的營地則通常位於森林裡，比較避風，海拔也較低，所以不容易反潮的天幕較為適合，也容易找到固定天幕的樹木。原住民獵人的營地也多半是由防水帆布搭設的，所以參考專業的在地做法就對啦。

雖然海拔不到三千公尺，但冬天遇到鋒面來襲有時也是會結霜，再加上潮濕的植物，常讓登山客全身溼答答，所以生火技能是必要的。除了取暖、烤乾衣物，火也能避免一些害蟲侵擾，譬如螞蝗、小黑蚊，甚至登山客聞之色變的硬蜱。中級山雖然不缺柴火，但生火非常困難，算是高階技巧，需要練習。至於硬蜱，由於中級山的野生動物眾多，登山客還蠻容易中標的，但不用驚慌，用瑞士刀的鑷子或專用拔除器夾住硬蜱的頭，輕輕旋轉拔出，勿使口器留在皮膚中就安全了。

看到這裡，你是否對挑戰中級山有點躍躍欲試了呢？長年的樹冠層和巨木調查，我早就中了中級山路線的毒，當然偶爾也得到乾爽的高山百岳看看大景調劑一下（笑）。

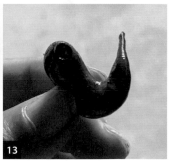

7　在潮濕的中級山生火是高級求生技能之一。
8　中級山宿營適合搭設不易反潮的天幕。
9　人跡罕至不時看到野生動物遺骸的中級山。
10　看到山豬窩時要格外小心因為育幼而兇性大發的母山豬。
11　惱人的多刺植物，如圖中的黃藤。
12　許多登山客聞之色變的硬蜱。
13　中級山盛行的螞蝗，也是讓很多登山客卻步的原因之一。

PART **IV**

台灣一葉蘭，攝於瑞岩溪。

本章選介台灣的原生附生蘭 164 種。
絕大部分皆拍攝自附生蘭原生棲地，
為作者余勝焜超過 20 年的野外調查心血。
書中許多附生蘭經歷極端氣候事件，
或是遭濫採，已在原生地香消玉殞，
幸好還有這些珍貴的生存紀錄。

台灣
附生蘭選介

脆蘭屬 ACAMPE

蕉蘭 *Acampe praemorsa var. longepedunculata*

同物異名｜ *Acampe var. rigida*；
Acampe rigida；多花脆蘭。

屬　　性｜附生蘭，通常附生在樹幹及
岩壁上，也常有地生的情況。

海拔高度｜200 公尺至 900 公尺。

賞 花 期｜7 月至 10 月。

分布區域｜台灣全島零星分布，生長在
寬闊河谷兩旁或沿岸的垂直岩壁上，
喜日照充足的環境，北部分布海拔較
低，數量較少，南部分布海拔較高數量
較多，東部亦有相當的數量，在南部溪
谷，常因植株過大，宿主支撐不住而掉
在地上，只要光線充足，也能在地上長
得很好，成為地生蘭，在南部溪谷常有
與龍爪蘭伴生的情形。

外部特徵｜大型蘭花，植株高可達一公
尺，花序長不超過 30 公分，花被具紅
色橫條紋，花不轉位，成熟果莢外形似
香蕉，還有與香蕉類似的香氣，這大概
就是中文名叫蕉蘭的原因。植物體與
伴生的龍爪蘭十分相似，但龍爪蘭葉
較軟，且花序長達一公尺以上，很容易
與之區別。

1　花序長不超過 30 公分，花被具紅
　　色橫條紋，花不轉位。
2　成熟果實外形似香蕉。
3　生長在岩壁或地上。
4　附生在樹上。

氣穗蘭屬 *AERIDOSTACHYA* ／絨蘭屬 *ERIA*

細花絨蘭 *Aeridostachya robusta*

同物異名｜ *Eria robusta*。

屬　　性｜ 附生蘭，高位附生。

海拔高度｜ 600 公尺至 1,000 公尺。

賞 花 期｜ 4 月。

分布區域｜ 目前僅知老佛山及大漢山附近有發現紀錄，但老佛山的棲地已被颱風摧毀，大漢山已多年未再現蹤，目前想一見芳蹤有一定的難度。生長在成熟森林樹冠層上層的樹幹上，而且樹幹上需有厚厚的苔蘚，這種環境代表空氣濕度高且穩定，所以雲霧帶是唯一選擇。

外部特徵｜ 植株外形像金稜邊，只葉子稍寬些，又同樣是長在樹上，沒開花時很容易誤認。花序約與葉長等長，花密生，花朵極小，約僅一公分，很容易與金稜邊區別。

1　花密生，花朵極小。
2　花序約與葉長等長。
3　植株外形像金稜邊，只葉子稍寬些，又同樣是長在樹上，沒開花時很容易誤認。
4　原生育地已被颱風摧毀。

糠穗蘭屬／禾葉蘭屬 AGROSTOPHYLLUM

台灣糠穗蘭 *Agrostophyllum formosanum*

同物異名｜ 台灣禾葉蘭
Agrostophyllum inocephalum。

屬　　性｜ 地生、附生、岩生，以往紀錄均為附生，但我在台東山區看到大片糠穗蘭生長在山坡上的泥土中或岩石上，亦曾見到長在樹幹上的糠穗蘭，所以本種的生長方式包括地生、附生以及岩生。

海拔高度｜ 100 公尺至 1,000 公尺。

賞 花 期｜ 花期不定，同一生育地當年開花的季節和次年開花的季節會截然

不同，所以賞花要靠運氣或勤快多跑幾次觀察。

分布區域｜ 花蓮、台東、屏東等地低海拔原始闊葉林下，溫暖潮溼的環境。

外部特徵｜ 莖叢生，正面稍扁平兩側呈銳角狀，多莖節，葉具關節，長橢圓形生於莖節上。花序頂生，可多年重覆開花，花極小，數百朵花聚生於莖頂成半球形，於數日內同時開放，花白色，蕊柱淡黃色，果莢似米粒大小。

1　花序頂生，可多年重複開花，花極小，數百朵花聚生於莖頂成半球形，花白色，蕊柱淡黃色。
2　花序頂生果莢似米粒大小。
3　莖正面稍扁平兩側呈銳角狀，多莖節，葉具關節，長橢圓形生於莖節上。
4　莖叢生於地上的植株。
5　附生於樹上的植株。

長葉竹節蘭 *Appendicula fenixii*

同物異名｜*Appendicula terrestris*。

屬　　性｜地生或低位附生，以地生數量較多。

海拔高度｜500 公尺以下。

賞 花 期｜全年有花。

分布區域｜蘭嶼全島原始林中。

外部特徵｜莖叢生，地生者直立莖較短，附生者則莖斜下垂較長，長者可達70公分，莖細圓柱形具莖節。葉生於莖節上，長橢圓形，葉尾端微凹，凹陷處於葉中肋延伸出極細尾尖。花序腋生或頂生，一莖多花序，一花序多朵花，花白色，不轉位，次第開放，可持續數個月。

1　花序腋生或頂生，一莖多花序，花序多朵花。
2　花白色，不轉位，次第開花。
3　葉生於莖節上，長橢圓形，葉尾端微凹，凹陷處於葉中肋延伸出極細尾尖。
4　果莢。
5　低位附生於樹幹上莖較長。
6　莖叢生，地生者直立莖較短。

竹節蘭屬 *APPENDICULA*

多枝竹節蘭 *Appendicula lucbanensis*

屬　　性｜附生蘭。

海拔高度｜800 公尺至 1,000 公尺。

賞 花 期｜6 月。

分布區域｜目前僅知分布於中央山脈南段霧林帶的原始林，喜歡通風良好的環境，多數長在稜線附近的大樹幹上。

外部特徵｜植株外觀與長葉竹節蘭相似，葉長橢圓形，近尾端具細鋸齒緣。花序頂生與長葉竹節蘭兼具腋生及頂生不同，花淡綠色，唇瓣帶紫暈，蕊柱頂端兩側及藥蓋被深紅色斑塊。

1　花淡綠色，唇瓣帶紫暈，蕊柱頂端兩側及藥蓋被深紅色斑塊。
2　花序頂生。
3　葉近尾端具細鋸齒緣。
4　莖叢生於霧林帶原始林中大樹上。

竹節蘭屬 *APPENDICULA*

台灣竹節蘭 *Appendicula reflexa*

同物異名 | *Appendicula formosana* 。

屬　　性 | 附生蘭，低中高位附生。

海拔高度 | 1,200 公尺以下。

賞 花 期 | 全年有花，但以 5 月至 11 月較佳，其他月份較少見。

分布區域 | 花蓮、台東、屏東等東北季風盛行區域，喜乾溼季不明顯的區域。

外部特徵 | 一株多莖，斜上至斜下生長，長可達 50 公分。葉橢圓形，葉尾端微凹，凹陷處具細尾尖，葉比蘭嶼竹節蘭明顯大一號。花序腋生或頂生，花淡綠色，外形與蘭嶼竹節蘭相似，但蘭嶼竹節蘭花被尾端略帶紅褐色，兩者稍有不同。

1~2　腋生花序，花淡綠色。

3　頂生花序。

4　葉橢圓形，葉尾端微凹，凹陷處具直細尾尖。

5　一株多莖，莖細圓柱形具莖節，斜上至斜下生長。

蘭嶼竹節蘭 *Appendicula reflexa var. kotoensis*

同物異名｜ *Appendicula kotoensis*。

屬　　性｜ 特有變種，附生蘭。

海拔高度｜ 400 公尺以下。

賞 花 期｜ 全年有花，但以 4 月至 10 月較多，其他月份較少見。

分布區域｜ 目前僅知分布於蘭嶼。

外部特徵｜ 莖叢生，一株多莖，莖細圓柱形具莖節，斜上至斜下生長，長約二十餘公分。葉橢圓形，生於莖節，葉尾端凹陷，凹陷處具向後反折約 45 度的尾尖，莖及葉較台灣竹節蘭短小。花序腋生或頂生，花被尾端略帶紅褐色。

1　花序腋生或頂生。
2　花被尾端略帶紅褐色。
3　莖叢生，一株多莖，莖細圓柱形具莖節，斜上至斜下生長。
4　葉尾端凹陷，凹陷處具向後反折約 45 度的尾尖。。

龍爪蘭屬 *ARACHNIS*

龍爪蘭 *Arachnis labrosa*

同物異名｜窄唇蜘蛛蘭。

屬　　性｜附生或地生，多數為附生，南部河谷地形且日照充足區域，常可見地生情形，研判可能是原為附生，但因乾季缺水而掉落地下求生存，在地上亦長得很好，能開花結果繁衍後代。

海拔高度｜200 公尺至 800 公尺。

賞 花 期｜7 月及 8 月。

分布區域｜台灣全島零星分布，以高屏溪中游地區最多，其他地區零星分布。

外部特徵｜為大型附生蘭，葉二列互生，葉尾端二裂凹陷。花序腋生，下垂花序可長達一公尺以上，花色為純黃綠色及具紫褐色斑紋兩種，兩種植株常雜處同一生育地。

1　純黃綠色花。
2　具紫褐色斑紋花。
3　果莢。
4　花序腋生。
5　葉二列互生，葉尾端二裂凹陷。
6　下垂花序可長達一公尺以上。

豆蘭屬／石豆蘭屬 BULBOPHYLLUM

紋星蘭 *Bulbophyllum affine*

同物異名┃ 高士佛豆蘭；赤唇石豆蘭。
屬　　性┃ 附生蘭，中高位附生，偶見附生於溪谷附近之裸岩上。
海拔高度┃ 100 公尺至 1,100 公尺。
賞 花 期┃ 6 月初至 6 月底。
分布區域┃ 台灣全島各地低海拔普遍分布，附生宿主不分物種，不過以柳杉及栓皮櫟最常見，常見大片附生，陽光照射充足則開花性較好，所以在樹冠層高處花開較多，賞花最好準備望遠鏡。生育地為富含水氣的區域，河谷兩旁或迎風坡最為常見。

外部特徵┃ 根莖粗壯，假球莖細圓柱狀。葉長橢圓形，在豆蘭屬中，本種植株算是較大型的一種，與烏來捲瓣蘭類似，分辨要點在本種假球莖及葉片較細長，烏來捲瓣蘭則葉片較寬，假球莖較粗及圓。花序從假球莖基部抽出，一個花序單朵花，萼片及側瓣兩面均淡黃色且具多條紫色縱向紋路，唇瓣舌狀，中間黃色兩側紫色。本種花期甚短且集中，所以常有不容易看到花開的感覺，本種花外表並未有其他類似而難以辨別者。

1 根莖粗狀，假球莖細圓柱狀，葉長橢圓形。
2 萼片及側瓣兩面均淡黃色且具多條紫色縱向紋路，唇瓣舌狀，中間黃色兩側紫色。花唇瓣上有訪花者。
3 花序從假球莖基部抽出，一個花序單朵花。
4 果莢。

白毛捲瓣蘭 *Bulbophyllum albociliatum*

同物異名｜ 白緣石豆蘭。

屬　　性｜ 特有種，附生蘭，低或中位附生，偶見附生於岩石上。

海拔高度｜ 900 公尺至 1,700 公尺。

賞 花 期｜ 5 月中旬至 7 月底。

分布區域｜ 喜空氣潮溼的環境，多雨的環境反而不易見。附生樹種不限，在人跡罕至的地區，常附生於三公尺以下的樹幹上，並與苔蘚混生。因花朵鮮艷，常被愛蘭人士採集，因此登山熱門地點低位附生的通常被採集殆盡，僅在稍高樹幹上尚可見少數殘存植株。

外部特徵｜ 根莖匍匐，假球莖卵形疏生常皺縮。葉圓形至長橢圓形，陽光強弱常影響葉片的長短，兩者差異甚大，日照較少的地方葉片較長，外形與伴生的骨牌蕨相似，日照較多處則葉片較圓。繖形花序，花序梗約與葉叢等長，一個花序多為二至五朵花，整朵花為紅色。上萼片及側瓣具白色長緣毛，側萼片最寬處在中段。本種與長萼白毛豆蘭、短梗豆蘭、杉林溪捲瓣蘭、維明豆蘭外表相近，花期重疊，不易分辨。唯本種側萼片比長萼白毛豆蘭短，杉林溪捲瓣蘭及維明豆蘭則側萼片較細，至於短梗豆蘭，花序梗非常短，約只一公分，而白毛捲瓣蘭的花序梗約長五公分左右。

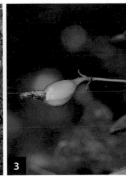

1 整朵花為紅色，上萼片及側瓣具白色長緣毛，側萼片最寬處在中段。

2 花序梗約與葉叢等長，一個花序多為二至五朵花。

3 果莢。

4 葉圓形至長橢圓形，外形與伴生之骨牌蕨相似。

5 根莖匍匐，假球莖卵形疏生常皺縮。

豆蘭屬／石豆蘭屬 BULBOPHYLLUM

短梗豆蘭 *Bulbophyllum albociliatum var. brevipedunculatum*

同物異名｜ *Bulbophyllum brevipedunculatum*。

屬　　性｜ 特有種，附生蘭，低位及中位附生。

海拔高度｜ 1,600 公尺至 2,200 公尺。

賞 花 期｜ 3 月初至 4 月底，以 3 月底至 4 月中為最佳。

分布區域｜ 目前僅知分布於宜蘭太平山區及花蓮木瓜溪、花蓮溪流域，均為霧林帶原始林，為闊針葉混合林地區，常與苔蘚伴生，分布相當狹隘，不過其生育地相同的環境甚多，因此相信在廣大的宜花地區應還有不少族群存在。

外部特徵｜ 根莖匍匐或懸垂，假球莖疏生，外表皺縮。葉橢圓形。花序自假球莖基部抽出，花序梗遠比葉叢短，一個花序具一至四朵花，花橘紅色，上萼片及側瓣具白色緣毛，部分地區所產的側萼片緣毛為淡黃色。外型與白毛捲瓣蘭較為相似，但白毛捲瓣蘭花序梗遠比葉長，本種花序梗極短，自可加以區別。又，我曾在太平山區見過唇瓣變異成蕊柱的個體，十分特殊。

1　花橘紅色，上萼片及側瓣具白色緣毛。
2　花序自假球莖基部抽出，花序梗遠比葉叢短。
3　唇瓣變異成蕊柱的個體。
4　一個花序具一至四朵花。
5　根莖匍匐或懸垂，假球莖疏生，外表皺縮，葉橢圓形。

豆蘭屬／石豆蘭屬 *BULBOPHYLLUM*

長萼白毛豆蘭 *Bulbophyllum albociliatum var. remotifolium*

屬　　性┃ 特有種，附生蘭，中高位附生。

海拔高度┃ 1,300 公尺至 1,900 公尺。

賞花期┃ 5 月至 6 月。

分布區域┃ 花蓮及宜蘭中海拔山區，位於東北季風盛行區，亦是中海拔雲霧帶，是氣候濕潤乾濕季不明顯的區域。

外部特徵┃ 植株與花和杉林溪捲瓣蘭相若，根莖匍匐生於樹幹上，與苔蘚伴生，假球莖卵形，除幼株外表光滑外，成熟株均外表皺縮。葉橢圓形至長橢圓形。花序自假球莖基部抽出，單一花序花約二至四朵花，花橘紅色。上萼片及側瓣具白色長緣毛，側萼片無緣毛，長度約二公分或更長，側萼片尾端離生部分的長度明顯較杉林溪捲瓣蘭為長。

1　花橘紅色，上萼片及側瓣具白色長緣毛，側萼片無緣毛。

2　葉橢圓形至長橢圓形，花序自假球莖基部抽出。

3　根莖匍匐生於樹幹上，與苔蘚伴生，假球莖卵形，除幼株外表光滑外，成熟株均外表皺縮。

4　幼株外表光滑。

5　單一花序約二至四朵花。

杉林溪捲瓣蘭 *Bulbophyllum albociliatum var. shanlinshiense*

屬　　性 | 特有種，附生蘭，低或中位附生。

海拔高度 | 1,500 公尺至 2,200 公尺。

賞 花 期 | 5 月上旬至 8 月上旬，以 5 月中旬至 6 月下旬最佳。

分布區域 | 僅見於南投杉林溪地區、郡大林道、八通關古道、新中橫以及南橫向陽山區，皆為中海拔霧林帶，與維明豆蘭生育地多處重疊，附生樹種不限，常與苔蘚混生。

外部特徵 | 根莖匍匐，假球莖卵形疏生常皺縮。葉橢圓形至長橢圓形。花序自假球莖基部抽出，花橘紅色，上萼片及側瓣具白色長緣毛，側萼片無緣毛。特徵與之相似的物種有維明豆蘭、白毛捲瓣蘭、短梗豆蘭、長萼白毛豆蘭，唯本種側萼片最寬處在基部，漸次縮窄至先端，比白毛捲瓣蘭及短梗豆蘭瘦長，但比長萼白毛豆蘭短。蕊柱旁的針狀附屬物不彎折，維明豆蘭蕊柱旁的針狀附屬物向下 90 度彎折，可資分別。我曾於花蓮地區見過杉林溪捲瓣蘭及長萼白毛豆蘭的中間型，上萼片緣毛的顏色為淺橙色，因所見樣本不多，不多介紹。

1　花橘紅色，上萼片及側瓣具白色長緣毛，側萼片無緣毛，蕊柱旁之針狀附屬物不彎折。

2　側萼片細長，最寬處在基部，漸次縮窄至先端。

3　杉林溪捲瓣蘭及長萼白毛豆蘭之中間型，上萼片之緣毛為淡橙色。

4　根莖匍匐，假球莖卵形疏生常皺縮。

5　葉橢圓形至長橢圓形，花序自假球莖基部抽出。

豆蘭屬／石豆蘭屬 *BULBOPHYLLUM*

維明豆蘭 *Bulbophyllum albociliatum var. weiminianum*

同物異名｜ *Bulbophyllum weiminianum*。

屬　　性｜ 特有種，附生蘭，低位附生。

海拔高度｜ 1,800 至 2,200 公尺。

賞 花 期｜ 5 月上旬至 6 月底，以 5 月下旬至 6 月中旬為最佳。

分布區域｜ 中海拔的霧林帶，附生於空氣潮濕的迎風坡樹幹上，已知分布點為南橫及新中橫一帶，均與杉林溪捲瓣蘭重疊，生育地均為原始林區，但附生樹幹並不粗大，常有苔蘚伴生。

外部特徵｜ 根莖匍匐，假球莖卵形疏生，表面常皺縮。葉橢圓形至長橢圓形。花序自假球莖基部抽出，側萼片細長。本種與杉林溪捲瓣蘭外表相似度極高，僅蕊柱旁的針狀附屬物向下 90度彎折，且側瓣及上萼片具有較長及較密的絲狀緣毛是其特徵。

1　側萼片細長，側瓣及上萼片具有較長及較密之絲狀緣毛。

2　花之正面可明顯看出蕊柱旁之針狀附屬物向下 90 度彎折。

3　花之側面可明顯看出蕊柱旁之針狀附屬物向下 90 度彎折。

4　未開花時外形與杉林溪捲瓣蘭無法區別。

5　花序自假球莖基部抽出。

6　根莖匍匐，假球莖疏生表面常皺縮，葉橢圓形至長橢圓形。

豆蘭屬／石豆蘭屬 BULBOPHYLLUM

毛緣萼豆蘭 *Bulbophyllum ciliisepalum*

屬　　性｜ 特有種，附生蘭，高位附生。

海拔高度｜ 1,900 公尺至 2,400 公尺。

賞　花　期｜ 9 月初至 10 月初，以 9 月中旬為最佳。

分布區域｜ 南投郡大山區、台中大雪山山區、苗栗大安溪上游、花蓮立霧溪上游山區，均為霧林帶原始林，附生宿主均為高大的樹木，以黃杉、鐵杉、台灣杉為主，附生高度約為 20 公尺左右甚或更高，曾有記錄到附生在約 72 公尺高的台灣杉樹上。

外部特徵｜ 根莖匍匐，假球莖密集生長或間隙小。葉片及假球莖大小約略相等，均為圓卵形。花序自假球莖基部抽出，花序梗長度與假球莖直徑約略相等或稍長，單一花序約三至七朵花，側萼片長約等於葉叢的一至二倍，上萼片及側瓣均具白色緣毛，側萼片上緣合生，下緣常分離，側萼片分離處及合生處均具橘色緣毛。

1　盛花正面照。

2　上萼片及側瓣均具白色緣毛，側萼片上緣合生，下緣常分離，側萼片分離處及合生處均具橘色緣毛。

3　花序自假球莖基部抽出，花序梗長度與假球莖直徑約略相等或稍長。

4　偶可見側萼片呈斷尾狀。

5　側萼片長約等於葉叢之一至二倍。

6　根莖匍匐，假球莖密集生長或間隙小，葉片及假球莖大小約略相等，均為圓卵形。

豆蘭屬／石豆蘭屬 *BULBOPHYLLUM*

柳杉捲瓣蘭 *Bulbophyllum cryptomeriicola*

屬　　性｜ 特有種，附生蘭。

海拔高度｜ 2,400 公尺左右。

賞 花 期｜ 9月至10月。

分布區域｜ 目前僅知分布於阿里山區，位於雲霧帶，空氣一年四季均富含水份，生育環境是附生於樹冠中下層，但因開花性不佳，因此推斷原生育空間是在樹冠層高層。

外部特徵｜ 根莖粗壯，部分附生於枯枝上，部分糾結成團，根系發達，裸露於空氣中，假球莖橢圓形，間距約為假球莖的長度，花序自假球莖基部抽出，花序梗長度約為葉叢長度，花約三至

五朵，紅色，上萼片及側瓣均具白色緣毛，側萼片基部最寬，漸縮至尾尖。

本種是愛花人士於2018年10月初所發現，當時我們夫妻兩人正在神木村參與樟樹公的探勘活動，聞訊後即於次日趕往阿里山區找尋，很幸運的在一處柳杉林內找到了植株並採了一個花序當標本，但因標本不全有瑕疵，因此於次年後連續多年於花季前往找尋，因均未開花，直到2021年10月才再次看到開花採到一份標本。從所採標本及原生地的植株觀察，通常豆蘭屬的植株一年長一顆假球莖，而所採的標

本，開花位置在第 11 顆假球莖，因此代表這顆假球莖是長了 11 年才開花。通常豆蘭屬的假球莖約三至五年即可成熟開花，11 年才成熟開花代表生育環境不佳造成營養不良而延後開花，因此生育環境不對是其主要原因。觀察其原生環境，是柳杉林最下層的枯枝上，而且假球莖成團聚生，顯然已有幾十年的歲月，因此推估是幾十年前柳杉樹還未十分高大前就有植株存在，當時是在樹冠層的頂層，陽光較為充足，但幾十年過去後，當年的樹冠頂層變成了樹冠底層，陽光不再充足，因此需累積多年光合作用的養份才能開花結果。我據此推斷，在阿里山區的樹冠頂層，應該還有不少的柳杉捲瓣蘭生長著，而且樹種不限於柳杉，因為柳杉樹是外來種，數十年前能於柳杉樹上繁衍，種源應該是生在附近的原生樹種上，若能在附近的原生樹種上找到柳杉捲瓣蘭，就能證實我的理論。

1　單一花序花約三至五朵，紅色，萼片及側瓣均具白色緣毛，側萼片基部最寬，漸縮至尾尖。
2　假球莖橢圓形，間距約為假球莖之長度，花莖自假球莖底部抽出。
3　花莖長度約為葉叢長度。
4　根莖粗壯，部分附生於枯枝上，部分糾結成團，根系發達，裸露於空氣中。

豆蘭屬／石豆蘭屬 BULBOPHYLLUM

小豆蘭 *Bulbophyllum curranii*

同物異名 | *Bulbophyllum aureolabellum*；*Bulbophyllum gracillimum*；耳唇石豆蘭。

屬　性 | 附生蘭，中低位附生，亦附生於稜線迎風坡的岩石上。

海拔高度 | 300 公尺至 1,500 公尺。

賞花期 | 12 月初至 12 月底。

分布區域 | 東北季風到達的區域，大體自桃園、新北、宜蘭、花蓮、台東至屏東，多生於原始未經開發的區域。

外部特徵 | 與狹萼豆蘭、小葉豆蘭、金枝雙花豆蘭、白花豆蘭等同為假球莖退化的豆蘭屬物種，除白花豆蘭葉為簇生外，餘葉片均為單生，相似度甚高。根莖匍匐，多莖節，莖節具分枝，每隔一至三莖節上生一片葉，葉具細鋸齒緣，乾旱時表面常皺縮。花序自莖節抽出，花序梗短於葉片，開花期間陸續開放，單朵花壽命僅一天，中午最為開展，花白色，唇瓣橙黃色。本種單一花序為二至三朵花，狹萼豆蘭單一花序單朵花，小葉豆蘭單一花序為二朵花或極少數為三朵花。

1　花序自莖節抽出，花序梗短於葉片。
2　花白色，唇瓣橙黃色。
3　單一花序為二至三朵花。
4　葉具細鋸齒緣，乾旱時表面常皺縮。
5　根莖匍匐，多莖節。

豆蘭屬／石豆蘭屬 *BULBOPHYLLUM*

狹萼豆蘭 *Bulbophyllum drymoglossum*

相關物種 | *Bulbophyllum drymoglossum* var. *somae*；*Bulbophyllum somae*。

屬　　性 | 附生蘭，中低位附生，亦有不少族群附生於岩石上。

海拔高度 | 300 公尺至 2,400 公尺。

賞 花 期 | 3 月至 5 月，早花 2 月即已開放。

分布區域 | 台灣全島及蘭嶼，台灣本島分布極廣，喜通風日照充足環境，台灣各地原始林及次生林均可見，附生不分樹種，但以中海拔台灣杜鵑樹上的數量最多，陽明山國家公園區內亦有分布。

外部特徵 | 本種假球莖退化，葉片外觀與伏石蕨極為相似，唯伏石蕨常具孢子葉可與小豆蘭分別。又與小豆蘭、小葉豆蘭、金枝雙花豆蘭外觀相似，但狹萼豆蘭一個花序單朵花，小豆蘭、小葉豆蘭、金枝雙花豆蘭單個花序花均多於一朵花可資分別。花謝後，宿存花梗末端未分叉，可在未開花時分辨，花序自葉基處抽出，花序梗明顯較葉長。

1　花序自葉基處抽出，花序梗明顯較葉長。
2　陽明山國家公園區內岩壁上附生之狹萼豆蘭。
3　中海拔之台灣杜鵑樹幹上附生之狹萼豆蘭。
4　一個花序單朵花。
5　宿存花梗未分叉可在未開花時用以分辨。

豆蘭屬／石豆蘭屬 BULBOPHYLLUM

長軸捲瓣蘭 *Bulbophyllum electrinum var. sui*

同物異名｜*Bulbophyllum sui*。

屬　　性｜特有變種，附生蘭，中高位附生。

海拔高度｜1,300 公尺至 1,800 公尺。

賞 花 期｜5 月至 7 月。

分布區域｜新北、桃園、新竹、宜蘭地區，生育地為東北季風可到達的區域，喜空氣潮溼的環境。

外部特徵｜假球莖圓形或橢圓形，兩假球莖緊鄰或間距短。葉橢圓形。花序自假球莖基部抽出，花序梗長，花橙色或黃綠色，萼片及側瓣具長且粗的黃色流疏狀緣毛，側萼片上緣常合生，下緣則常分離，偶可見側萼片上緣及下緣均分離的個體。除花序梗長度較鸛冠蘭短外，花被片的緣毛亦有差別，本種緣毛黃色，較粗及較長，鸛冠蘭緣毛則較白較細及較短。

1　黃綠色花，萼片及側瓣具長且粗的黃色流疏狀緣毛。

2　橙色花。

3　側萼片下緣常分離。

4　花序自假球莖基部抽出，花序梗長，偶可見側萼片上緣及下緣均分離的個體。

5　假球莖圓形或橢圓形，兩假球莖緊鄰或間距短，葉橢圓形。

6　常與苔蘚伴生。

豆蘭屬／石豆蘭屬 *BULBOPHYLLUM*

流蘇豆蘭 *Bulbophyllum fimbriperianthium*

屬　　性 | 特有種，附生蘭，中高位附生。

海拔高度 | 1,300 公尺至 1,500 公尺。

賞 花 期 | 8 月至 9 月。

分布區域 | 南部中海拔霧林帶，目前僅知分布地在大漢林道一帶。

外部特徵 | 假球莖橢圓形稍皺縮，表面呈霧狀，根莖緊貼樹幹，兩假球莖間的距離約為假球莖的長度。花序自假球莖基部抽出，花序梗約與葉叢等長或稍長。上萼片先端圓鈍，上萼片及側瓣被白色或黃色流疏狀長緣毛，側萼片下緣分離，被黃色或淡黃色肉質粗緣毛。

1　上萼片及側瓣被白色或黃色流疏狀長緣毛。
2　花序自假球莖基部抽出，花序梗約與葉叢等長或稍長。
3　假球莖橢圓形稍皺縮，表面呈霧狀，根莖緊貼樹幹，
　　兩假球莖之距離約為假球莖之長度。
4　側萼片下緣分離，被黃色或淡黃色肉質粗緣毛。

豆蘭屬／石豆蘭屬 *BULBOPHYLLUM*

翠華捲瓣蘭 *Bulbophyllum flaviflorum*

同物異名｜ 黃花石豆蘭

屬　　性｜ 特有種，附生蘭，中高位附生，喜附生在樹皮粗糙深裂且不長苔蘚的樹幹，偶有附生於岩石上的情形。

海拔高度｜ 700 公尺至 1,900 公尺。

賞 花 期｜ 3 月至 8 月。

分布區域｜ 台灣本島低至中海拔的霧林帶，中部以南較多，常有大面積附生。

外部特徵｜ 假球莖圓形，表面明亮或皺縮，兩假球莖間緊鄰而生，根莖不明顯。花黃綠色，上萼片及側瓣具緣毛，側萼片細長。

1　花黃綠色，上萼片及側瓣具緣毛。
2　假球莖圓形，表面明亮或稍皺縮，兩假球莖間緊鄰而生，根莖不明顯。
3~4　側萼片細長。

豆蘭屬／石豆蘭屬 *BULBOPHYLLUM*

溪頭豆蘭 *Bulbophyllum griffithii*

屬　　性 | 附生蘭，中低位附生，亦有附生於岩石上的情形。

海拔高度 | 1,000 公尺至 1,500 公尺。

賞 花 期 | 9 月底至 10 月底。

分布區域 | 分布於雲林、嘉義、南投等地霧林帶原始林及次生林中，空氣含水量多的環境。附生樹種不拘，園藝種樹木如杜鵑、櫻花等亦常見附生，還有岩石上亦曾見大面積的附生。無論附生於樹上或岩石上，均常與苔蘚伴生。

外部特徵 | 植株外形和阿里山豆蘭相似，但個體較小。花序自假球莖基部抽出，花三個萼片及側瓣大小顏色均十分相似，約呈三角形，外表被紅斑，在豆蘭屬中十分特殊，不同族群的花或為閉鎖花，或為開展，或部分閉鎖部分開展，其影響閉鎖或開展的原因不明。結果率甚高，閉鎖花亦能結果。

1　三個萼片及側瓣大小顏色均十分相似，
　　約呈三角形，外表被紅斑。
2　花序自假球莖基部抽出。
3　生於岩石上之大片溪頭豆蘭。
4　結果率高。
5　常與苔蘚伴生。
6　閉鎖花，花被不展開。

花蓮捲瓣蘭 *Bulbophyllum hirundinis*

同物異名｜ *Bulbophyllum karenkoense*；朱紅冠毛蘭；低山捲瓣蘭；*Bulbophyllum karenkoene var. pinlinianum* 坪林捲瓣蘭。

屬　　性｜ 附生蘭，中高位附生，常附生在高大的大樹幹上。

海拔高度｜ 250 公尺至 1,100 公尺。

賞 花 期｜ 新北及桃園開花期較早，在每年 7 月，花蓮及台東在 8 月及 9 月。

分布區域｜ 花蓮、台東海岸山脈及台東市以南之太平洋沿岸最多，其他地區有新北坪林、桃園市復興山區、台中市和平山區及南投山區，分布較為零星。

外部特徵｜ 植物體具一假球莖及一葉片，兩假球莖間有根莖相連結，距離約為假球莖直徑的長度。花序自假球莖基部抽出。側萼片細長，黃色至橙紅色，上萼片、側瓣及緣毛為橙紅色，與無毛捲瓣蘭僅有些微差異，其差異處在本種側萼片近基部附近具短緣毛，無毛捲瓣蘭側萼片基部無緣毛。生於坪林的植株曾被報導為低山捲瓣蘭。

1　側萼片細長，黃色至橙紅色。
2　側萼片近基部附近具緣毛，上萼片、側瓣及緣毛為橙紅色。
3　生於坪林的植株曾被報導為低山捲瓣蘭。
4　花序自假球莖基部抽出。
5　兩假球莖間有根莖相連結，距離約為一假球莖之直徑。
6　常附生在中高位的大樹幹上。

豆蘭屬╱石豆蘭屬 *BULBOPHYLLUM*

無毛捲瓣蘭 *Bulbophyllum hirundinis var. calvum*

同物異名 | *Bulbophyllum electrinum* var. *calvum*；*Bulbophyllum karenkoense* var. *calvum*。

屬　　性 | 特有變種，附生蘭，中高位附生。

海拔高度 | 300 公尺至 600 公尺。

賞 花 期 | 7 月下旬至 8 月上旬。

分布區域 | 台東南端的低海拔地區，當地離海不遠，且為東北季風盛行區，因此空氣常年濕潤，附生在高大之樹幹上。

外部特徵 | 與花蓮捲瓣蘭外表十分相似，僅側萼片較花蓮捲瓣蘭短，且基部無緣毛。

1　側萼片基部無緣毛。
2　外形與花蓮捲瓣蘭相似，僅側萼片較短。
3　附生在高大之樹幹上。

豆蘭屬／石豆蘭屬 *BULBOPHYLLUM*

張氏捲瓣蘭 *Bulbophyllum hirundinis var. puniceum*

同物異名｜ *Bulbophyllum karenkoense var. puniceum*

屬　　性｜ 特有變種，附生蘭，中高位附生。

海拔高度｜ 800 公尺至 1,800 公尺

賞 花 期｜ 6 月。

分布區域｜ 目前僅知分布於桃園市復興區、台中市和平區及台東地區。

外部特徵｜ 植株及花的外形均與花蓮捲瓣蘭極相似，僅假球莖間距較密及花色較橙紅，其他特徵均與花蓮捲瓣蘭相同，應該只是花蓮捲瓣蘭的種內變異。

1　假球莖密生。
2　植株及花的外形均與花蓮捲瓣蘭極相似。
3　花色較橙紅，側萼片基部具緣毛。

豆蘭屬／石豆蘭屬 *BULBOPHYLLUM*

穗花捲瓣蘭 *Bulbophyllum insulsoides*

同物異名｜ 黑豆蘭。

屬　　性｜ 特有種，附生蘭，中低位附生。

海拔高度｜ 1,000 公尺至 2,300 公尺。

賞 花 期｜ 8 月至 9 月。

分布區域｜ 台東、花蓮、新北、桃園、新竹、南投等地霧林帶內的原始林，生長在空氣富含水氣的環境，常與苔蘚伴生。

外部特徵｜ 假球莖黑色，總狀花序，一個花序花數可達十餘朵。上萼片及側瓣具短緣毛，側萼片分離無緣毛，唇瓣基部及兩側具紫紋。

1　上萼片及側瓣具短緣毛，側瓣無緣毛。
2　唇瓣基部及兩側具紫紋。
3　假球莖黑色。
4　總狀花序，一個花序花數可達十餘朵。
5　果莢。
6　常與苔蘚伴生。

豆蘭屬／石豆蘭屬 *BULBOPHYLLUM*

日本捲瓣蘭 *Bulbophyllum japonicum*

同物異名｜ 瘤唇捲瓣蘭。

屬　　性｜ 附生蘭，低位附生，偶可見岩石上有大面積的附生。

海拔高度｜ 300 公尺至 1,500 公尺。

賞 花 期｜ 5 月至 6 月。

分布區域｜ 東北季風範圍的冷涼森林，包括桃、竹、苗、新北、宜蘭、花蓮、屏東，喜乾濕季不明顯的環境。

外部特徵｜ 葉片細長，假球莖具細縱紋。花序自假球莖基部抽出，近繖形花序，帶紫暈，花被片無緣毛，上萼片及側瓣具明顯紫紅色縱紋，唇瓣紫紅色。

1　帶紫暈，花被片無緣毛。
2　萼片及側瓣具明顯紫紅色縱紋，唇瓣紫紅色。
3　花序自假球莖基部抽出。
4　葉片細長，假球莖具細縱紋。

豆蘭屬／石豆蘭屬 *BULBOPHYLLUM*

觀霧豆蘭 *Bulbophyllum kuanwuense*

同物異名｜ 觀霧捲瓣蘭；克森豆蘭
Bulbophyllum kuanwuense var. luchuense。

屬　　性｜ 特有種，附生蘭，中高位附生，附生在原始林中的高大樹幹上。

海拔高度｜ 1,800 公尺至 2,500 公尺。

賞 花 期｜ 9 月至 10 月，9 月下旬至 10 月中旬最佳。

分布區域｜ 南投、苗栗、新竹山區，生長在霧林帶內原始林的大樹上，喜冷涼空氣富含水氣的環境。

外部特徵｜ 植株小，根莖粗壯，假球莖及葉片橢圓形。花序梗極短，長度約為假球莖一至二倍長，明顯短於葉叢，因此開花時都隱藏在葉叢中。因為是高位附生，即使在樹下用望遠鏡觀察，仍然不容易找到花，只有使用爬樹工具爬上樹梢才能拍到照片。花序自假球莖基部抽出，近花之一半無苞片包覆。一個花序花約三至六朵花，花序呈圓周狀排列，花紅色。側萼片合生成鞋狀，最寬處在基部，上萼片緣及側瓣緣均被白色長緣毛。上緣合生部分約為側萼片長度的三分之二，先端僅一小截未合生，銳尖至圓鈍。

觀霧豆蘭與克森豆蘭外形極度相似，經比對觀霧豆蘭及克森豆蘭的發表文獻，文獻上所用的照片，兩種豆蘭外表完全一樣，據我的了解，觀霧豆蘭發表文獻中所用的照片，三張相片中的二張可能就是在克森豆蘭生育地所拍攝，所以克森豆蘭應該就是觀霧豆蘭。

豆蘭屬／石豆蘭屬 BULBOPHYLLUM

北大武豆蘭 *Bulbophyllum kuanwuense var. peitawuense*

屬　　性｜ 特有種，附生蘭，中位附生。

海拔高度｜ 2,100 公尺至 2,500 公尺。

賞 花 期｜ 9 月下旬至 10 月下旬。

分布區域｜ 中央山脈南段，該區探勘較少，目前僅知在北大武山區一帶的霧林帶，在生育地偶有機會碰到倒木或斷枝可找到植株，但在地上的倒木或斷枝因陽光照射不足，開花機率較低，所以要拍開花照，用攀樹裝備爬到樹上是最佳方法。

外部特徵｜ 本種植株外表與石仙桃豆蘭及觀霧豆蘭極其相似，若未開花，光憑植株無法分辨，花的外形也十分相似。本種花序梗長度約為假球莖的長度或稍長，側萼片合生，最寬處在中段，上緣合生部分僅約側萼片長度三分之一左右，先端離生成二小凸尖。

北大武豆蘭外形與觀霧豆蘭極度相似，僅側萼片上緣合生部分約側萼片長度三分之一左右，觀霧豆蘭側萼片合生部分則約為側萼片長度三分之二左右，其他特徵則無明顯不同，是否僅是觀霧豆蘭的區域變異，值得再深入研究。

1 花序梗較短，長度約為假球莖之一至二倍長。
2 側萼片最寬處在中段，尾端銳尖，上緣合生部分僅約側萼片長度三分之一左右。
3 植株外表與石仙桃豆蘭及觀霧豆蘭極其相似。
4 與臘石斛伴生。

左頁圖：

1 花紅色，側萼片合生成鞋狀，最寬處在基部，尾端銳尖，上緣合生部分約為側萼片長度的三分之二。
2 上萼片緣及側瓣緣均被白色長緣毛。
3 花序呈圓周狀排列。
4 植株小，根莖粗壯，假球莖及葉片橢圓形。開花時隱藏在葉叢中。

石仙桃豆蘭 *Bulbophyllum kuanwuense var. rutilum*

屬　　性｜特有變種，附生蘭，中低位附生。

海拔高度｜2,100 公尺至 2,300 公尺。

賞 花 期｜9 月至 10 月。

分布區域｜目前僅知分布於鹿屈山山區，生長在霧林帶原始林內闊葉樹的樹幹上，該地雖然冬季十分乾燥，但位於霧林帶內，空氣富含水氣。

外部特徵｜葉及假球莖長橢圓形，比觀霧豆蘭、北大武豆蘭等狹長。花序梗短於假球莖或約略等長，整個花序梗均為苞片包覆。花紅色，側萼片分離，下緣具白色短緣毛，上萼片緣及側瓣緣均具白色長緣毛。

1　花紅色，側萼片分離，下緣具白色短緣毛，上萼片緣及側瓣緣均具白色長緣毛。
2　葉及假球莖長橢圓形，比觀霧豆蘭、克森豆蘭、北大武豆蘭等狹長，花序梗短於假球莖。

烏來捲瓣蘭 *Bulbophyllum macraei*

同物異名｜ 一枝瘤。

屬　　性｜ 附生蘭。

海拔高度｜ 800 公尺以下。

賞 花 期｜ 6月至9月，以7月至8月為最佳。

分布區域｜ 台灣全島低海拔山區，以北台灣及東台灣較多，喜潮溼空氣流通環境，因此較開闊的溪谷及迎風坡的大樹上是最佳的環境，常大片面積附生在樹冠層高層處。

外部特徵｜ 是豆蘭屬中較大型的物種，假球莖粗大圓型不皺縮，葉片寬大橢圓形、側萼片細長常分離，花被片不具緣毛，側瓣長度不及上萼片一半。

1　側瓣長度不及上萼片一半。
2　側萼片細長常分離，花被片不具緣毛。
3　假球莖粗大圓型不皺縮，葉片寬大橢圓形。
4　常大片面積附生在樹冠層高層處。

天池捲瓣蘭 *Bulbophyllum maxii*

屬　　性｜ 特有種，附生蘭，中高位附生。

海拔高度｜ 2,000 公尺至 2,500 公尺。

賞 花 期｜ 8 月至 9 月。

分布區域｜ 目前僅知分布於高雄南橫及南投信義鄉中海拔地區，生於霧林帶原始林的樹幹上。

外部特徵｜ 假球莖圓形，間距約為一個假球莖至三個假球莖直徑。葉圓形至長橢圓形，表面具密集氣孔。花序自假球莖基部抽出，單個花序約二至三朵花，花紅色，萼片及側瓣均具長緣毛，側萼片上緣合生下緣分離，表面基部具疣狀物，且尾端具縱向皺摺，藥帽下端呈鋸齒狀。

1 側萼片表面基部具疣狀物，且尾端具縱向皺摺。

2 側萼片上緣合生下緣分離。

3 假球莖圓形，間距約為一個假球莖至三個假球莖直徑，葉圓形至長橢圓形。

4 花序自假球莖基部抽出，單個花序約二至三朵花，花紅色，萼片及側瓣均具長緣毛。

5 葉表面具密集氣孔。

豆蘭屬／石豆蘭屬 *BULBOPHYLLUM*

紫紋捲瓣蘭 *Bulbophyllum melanoglossum*

屬　　性｜附生蘭，中低位附生，亦有不少族群附生在迎風坡的岩石上。

海拔高度｜400 公尺至 1,600 公尺。

賞 花 期｜4 月至 8 月，南部花期 4 月即已開始，5 月及 6 月是盛花期，北部花期約晚一個月，盛花期 6 月至 7 月，8 月底北部還可見盛開的花朵。

分布區域｜主要分布地在台北市、桃竹苗、新北、宜、花、東及屏東。

外部特徵｜花序扇形，花多者可達 16 朵左右，花萼片及側瓣具紫色條紋，上萼片及側瓣被紫色緣毛。植株與黃萼捲瓣蘭相似，可分辨的特徵為紫紋捲瓣蘭葉較硬，黃萼捲瓣蘭葉較軟，紫紋捲瓣蘭花序梗較長，約葉叢的二倍長，黃萼捲瓣蘭花序梗較短，約與葉叢等長，花謝後花序梗常宿存，所以未開花時可由宿存的花序梗加以分辨。

1　花序扇形，花多者可達 16 朵左右。

2　花萼片及側瓣具紫色條紋，上萼片及側瓣被紫色緣毛。

3　花序梗約二倍葉長，花謝後花序梗常宿存。

豆蘭屬／石豆蘭屬 *BULBOPHYLLUM*

毛藥捲瓣蘭 *Bulbophyllum omerandrum*

屬　　性｜ 附生蘭，中低位附生。

海拔高度｜ 1,400 公尺至 2,000 公尺。

賞 花 期｜ 10 月至次年 4 月，花季因地域不同而相去甚遠，東部花季從 10 月開始，西部花季從 12 月開始，甚至西部較乾燥地區要到 3 月才開始。

分布區域｜ 僅見於東部及中南部，約在花蓮、台東、南投、嘉義、高雄等中海拔地區，生育地為冷涼溼潤的環境，皆屬中海拔霧林帶區域。

外部特徵｜ 假球莖疏生，表面光亮常皺縮。花序由假球莖基部抽出，花序梗約與葉叢等長，花序約呈水平伸展，花朵都朝光線較強的方向開展，單一花序一至六朵花，花不轉位。花蓮地區的族群花數較多，三至五朵很平常，多可至六朵，西部的族群花數則大多為一至三朵。上萼片尾端及側瓣尾端被紫色斑塊及緣毛，藥帽下端具毛，或許就是命名為毛藥的由來。

1　上萼片尾端及側瓣尾端被紫色斑塊及緣毛，側萼片兩片分離，藥帽下端具毛。
2　花蓮地區之族群花數較多，三至五朵很平常。
3　花蓮地區之族群花數較多，單一花序可至六朵花。
4　假球莖疏生，表面光亮常皺縮，花序由假球莖基部抽出，花序梗約與葉叢等長。
5　訪花者。

白花豆蘭 *Bulbophyllum pauciflorum*

同物異名｜非豆蘭。

屬　　性｜附生蘭，中高位附生。

海拔高度｜1,000 公尺左右。

賞 花 期｜9 月至 12 月。

分布區域｜台灣東北部、東部及東南部均曾經有過紀錄，但我追蹤多時，經友人指點，僅在台東南部山區見過，當地面臨太平洋，夏天午後即有雲霧籠照，冬季有東北季風吹拂，是四季潮溼、乾溼季不明顯的環境，附生於高大樹木的樹幹上，伴生蘭科植物有臘石斛及狹萼豆蘭。

外部特徵｜葉叢生，假球莖退化，花序自葉腋抽出，花序梗短於葉叢，一植株一年僅抽一花序，不同點位的葉腋可分年開花，一個花序大都為二朵花，花乳白色。

1　一個花序大都為二朵花，花乳白色。
2　葉叢生，假球莖退化，花莖自葉腋抽出，花序梗短於葉叢，
　　一植株一年僅抽一花序，不同點位的葉腋可分年開花。
3　附生於高大樹木之樹幹上。
4　與臘石斛及狹萼豆蘭伴生。

豆蘭屬／石豆蘭屬 *BULBOPHYLLUM*

阿里山豆蘭 *Bulbophyllum pectinatum*

同物異名｜ 百合豆蘭 *Bulbophyllum transarisanense*。

屬　　性｜ 附生蘭。

海拔高度｜ 600 公尺至 2,400 公尺。

賞 花 期｜ 5 月至 7 月，單朵花壽命約 5 至 6 天。

分布區域｜ 台灣本島中海拔山區，喜霧林帶空氣潮溼的環境，新北及宜蘭因北降因素，分布海拔可低至 600 公尺，嘉義山區海拔 2,400 公尺仍有大量族群的分布。

外部特徵｜ 假球莖緊密單列生長，有時可側邊分枝增殖，多數有向上側彎的現象，一個假球莖僅能抽出一個花序，一個花序單朵花，花甚大，黃綠色，花萼與側瓣約略等長，側萼片稍大，均無緣毛，唇瓣之字形，基部向前伸，中段向後彎曲且兩側為鋸齒緣，先端舌狀向前伸，具紫色細小斑點。

1　花萼與側瓣約略等長，側萼片稍大，均無緣毛。
2　唇瓣之字形，基部向前伸，中段向後彎曲且兩側為鋸齒緣，先端舌狀向前伸，具紫色細小斑點。
3　假球莖緊密單列生長，有時可側邊分枝增殖，多數有向上側彎之現象。
4　一個假球莖僅能抽出一個花序，一個花序單朵花，花甚大，黃綠色。

豆蘭屬／石豆蘭屬 *BULBOPHYLLUM*

屏東捲瓣蘭 *Bulbophyllum pingtungense*

同物異名｜大花豆蘭，屏東石豆蘭。

屬　　性｜特有種，中高位附生，常見附生於木荷及灰背櫟或其他殼斗科的大樹樹幹上。

海拔高度｜600 公尺以下。

賞 花 期｜11 月及 12 月。

分布區域｜台東南端及屏東東南端，即台東大武鄉、達仁鄉及屏東牡丹鄉、滿州鄉等地，當地東臨太平洋地區，冬季不乏東北季風吹拂，乾濕季較不明顯，日照較多處開花性較好，反之則開花較少。

外部特徵｜常大片面積附生，根莖附生於宿主樹幹上，假球莖疏生，表面光亮約四至六個縱稜，兩假球莖相隔約五公分左右。繖形花序，一個花序大多二至三朵花，側萼片分離不具緣毛，上萼片及側瓣被長緣毛，唇瓣基部被短毛，花朵開放時具有強烈異味，應是其吸引蟲媒的機制。

1　側萼片分離不具緣毛，上萼片及側瓣被長緣毛，唇瓣基部被短毛。

2　繖形花序，一個花序大多二至三朵花。

3　常大片面積附生，根莖附生於宿主樹幹上。

豆蘭屬／石豆蘭屬 *BULBOPHYLLUM*

黃萼捲瓣蘭 *Bulbophyllum retusiusculum*

屬　　性｜附生蘭，中低位附生，附生於樹幹上或岩石上。

海拔高度｜300 公尺至 2,000 公尺。

賞 花 期｜9 月至次年 1 月。

分布區域｜台灣全島山區普遍分布，新北基隆交界地區海拔 300 公尺即有生長紀錄，大雪山地區海拔高度可達 2,000 公尺以上。

外部特徵｜常大面積附生，本種未開花時，植株型態與紫紋捲瓣蘭十分相似，未開花時區別的特徵在黃萼捲瓣蘭葉片較軟，宿存的花序梗較短，約與葉叢等長，而紫紋捲瓣蘭的葉片較硬，宿存的花序梗較長，約葉叢的二倍，所以不難分辨。花序自假球莖基部抽出，繖形花序，單一花序約三至 10 朵花，上萼片及側瓣深紫色，不具緣毛，側萼片黃色，上緣合生下緣分離，不具緣毛。

1　花序約與葉叢等長。
2　側萼片黃色，上緣合生下緣分離，不具緣毛。
3　假球莖。
4　常大面積附生於樹幹上。
5　上萼片及側瓣深紫色，不具緣毛。

豆蘭屬／石豆蘭屬 *BULBOPHYLLUM*

紅心豆蘭 *Bulbophyllum rubrolabellum*

同物異名｜ 鳳凰山石豆蘭 *Bulbophyllum fenghuangshanianum*。

屬　　性｜ 特有種，附生蘭，中低位附生。

海拔高度｜ 1,200 公尺至 1,800 公尺。

賞 花 期｜ 7 月至 10 月。

分布區域｜ 本種數量不多，零星分布於桃園、新竹，苗栗、南投、台東等地方，其中以南投山區數量較多，喜空氣溼潤的環境，生育地大都在中海拔的雲霧帶，附生宿主不拘。

外部特徵｜ 假球莖單列緊密排列，表面光亮具細縱紋。花序自假球莖基部抽出，一假球莖可抽一至二個花序，花序梗長度不及假球莖的長度，一花序花數朵簇生，花萼及側瓣淺黃色，唇瓣紅色。

1　花萼及側瓣淺黃色，唇瓣紅色。
2　花序自假球莖基部抽出，一假球莖可抽一至二個花序，花序梗長度不及假球莖之長度，一花序花數朵簇生。
3　假球莖單列緊密排列，表面光亮具縱向紋路。

豆蘭屬／石豆蘭屬 *BULBOPHYLLUM*

綠花寶石蘭 *Bulbophyllum sasakii*

同物異名│ *Sunipia andersonii*。
屬　　性│ 附生蘭。
海拔高度│ 1,400 公尺至 2,200 公尺。
賞 花 期│ 8 月至 10 月。
分布區域│ 台灣全島中海拔原始森林內，屬高位附生，高大樹木上常見大面積族群附生。生長環境為雲霧帶空氣富含水氣通風良好的區域，常和黃萼捲瓣蘭伴生。
外部特徵│ 根莖粗壯附生於樹幹上，假

球莖疏生於莖節上，葉一枚生於假球莖頂端，假球莖及葉似黃萼捲瓣蘭，但假球莖不具縱稜，表面光亮或皺縮成不規則細紋狀。花序自假球莖基部抽出，花序梗約假球莖長度一至二倍長。一個花序多為二朵花，少數為一朵或三朵花，花黃綠色，花被具淡紫或深紫縱向條紋，萼片較寬，側瓣較窄，但長度相若，唇瓣基部淺碗狀，末端具長尾尖。

1　花序自假球莖基部抽出，花莖粗短，一個花序多為二朵花。
2　花黃綠色，具淡紫或深紫縱向條紋，萼片較寬側瓣較窄，但長度相若。
3　唇瓣基部淺碗狀，末端具長尾尖。
4　根莖粗壯附生於樹幹上，假球莖疏生於莖節上，葉一枚生於假球莖頂端，假球莖及葉似黃萼捲瓣蘭。
5　假球莖不具縱稜，表面光亮或皺縮成不規則細紋狀。
6　果莢。

豆蘭屬／石豆蘭屬 *BULBOPHYLLUM*

鵠冠蘭 *Bulbophyllum setaceum*

同物異名｜ 梨山捲瓣蘭。

屬　　性｜ 特有種，附生蘭，高位附生，偶爾可見附生於林緣有苔蘚的地表面，或附生於岩石上。

海拔高度｜ 900 公尺至 2,200 公尺。

賞 花 期｜ 3 月至 11 月，但以 3 月至 8 月較多，同一植株每年的開花季節不甚相同。

分布區域｜ 台灣全境中海拔區域，原始林或人造林均有，尤其原始林中的大樹上最多，一棵樹常有數百顆假球莖甚或上千顆假球莖的紀錄。生育環境為霧林帶氣候，需有較為溼潤的空氣。台灣北部常生長在海拔 1,000 公尺左右地區，中部則常生長於 1,500 公尺左右地區，南部則常生長於 2,000 公尺左右地區。

外部特徵｜ 本種最重要的特徵在於花序梗甚長，超過 20 公分，以開花時所見的花序梗長度或非花季時的宿存花序梗即可輕鬆辨認鵠冠蘭。花序自假球莖基部抽出，單一花序花約五朵至十餘朵，上萼片及側瓣均具細長白色緣毛，側萼片部分合生，側萼片緣毛多寡或長短因分布地或植株個體而有所不同，有的緣毛既長且密，有的或有或無短短的寥寥數根，花顏色為黃綠色至橙紅色，通常花剛開時偏綠，數天後漸漸轉橙紅色。

1　側萼片具長緣毛之個體。
2　上萼片及側瓣均具細長白色緣毛。
3　花序梗甚長，超過 20 公分，宿存花序梗亦如是。
4　側萼片部分合生。
5　花序梗自假球莖基部抽出。

斷尾捲瓣蘭 *Bulbophyllum setaceum var. confragosum*

同物異名｜ *Bulbophyllum confragosum*。

屬　　性｜ 特有變種，附生蘭，中低位附生。

海拔高度｜ 2,200 公尺至 2,500 公尺。

賞花期｜ 8 月中旬至 8 月下旬。

分布區域｜ 目前僅知分布於南投信義鄉海拔約 2,300 公尺霧林帶原始林地區，附生樹種闊針葉樹都有。

外部特徵｜ 根莖粗壯，假球莖疏生於莖節上，莖節間距不大，約一個假球莖大小的距離，假球莖及葉片橢圓形。花序自假球莖基部抽出，花序梗約與葉叢等長，側萼片細長尾細尖，萼片及側瓣均具白色長緣毛，藥帽下端具毛。當初發表時是憑一棵在產地撿回後開花的標本，因該標本具有側萼片先端急縮的特徵，因此被命名為斷尾豆蘭。但我多次前往生育地，未拍得側萼片尾端急縮的照片，推估可能是當年的模式標本是從山上撿拾掉落植株後携回平地種植，在平地開花，因人為干預及環境改變而造成側萼片尾端急縮的現象。但我在原生地所拍得照片，其他特徵均如發表文獻所述，所以本文照片實為斷尾豆蘭無誤，至於側萼片的謎，就有待更近一步觀察才能定論。

1 萼片及側瓣均具白色長緣毛
2 藥帽下端具毛。
3 花序自假球莖基部抽出，花序梗約與葉叢等長。
4 中下方之側萼片尾端遭蟲咬食，並非斷尾，右上方之花苞側萼片並無急縮成斷尾之現象。
5 根莖粗壯，假球莖疏生於莖節上，莖節間距不大，約一個假球莖大小之距離，假球莖及葉片橢圓形。

豆蘭屬／石豆蘭屬 *BULBOPHYLLUM*

畢祿溪豆蘭 *Bulbophyllum setaceum var. pilusiense*

屬　　性｜ 特有變種，附生蘭，高位附生。

海拔高度｜ 2,100 公尺至 2,500 公尺。

賞 花 期｜ 5 月至 6 月。

分布區域｜ 目前僅知分布於畢祿溪流域，生於溪流兩側山坡上的原始林中，附生於高大針葉樹幹上，當地為乾濕季分明的區域，但位於溪流上方，且位於霧林帶區域內，空氣富含水氣。

外部特徵｜ 根莖匍匐生於樹幹上，兩假球莖間距小於假球莖的長度，假球莖卵形，常皺縮。葉圓形至橢圓形，植株與鸛冠蘭十分相似。花序自假球莖基部抽出，花序梗約十餘公分，單一花序花約四朵至八朵花，萼片及側瓣均具淡黃色長粗緣毛，花初開時側萼片上緣合生，後半期則兩側萼片完全分離。

1　花後半期兩側萼片完全分離。
2　萼片及側瓣均具淡黃色長粗緣毛，花初開時側萼片上緣合生。
3　花序自假球莖基部抽出，花序梗約十餘公分，單一花序花約四朵至八朵花。
4　根莖匍匐生於樹幹上，兩假球莖間距小於假球莖之長度，假球莖卵形，常皺縮，葉圓形至橢圓形，植株與鸛冠蘭十分相似。
5　花大小比例，背景是健保卡。

豆蘭屬／石豆蘭屬 *BULBOPHYLLUM*

台灣捲瓣蘭 *Bulbophyllum taiwanense*

屬　　性｜ 特有種，附生蘭，中位附生，最常見附生位置在百年樹齡以上大樹的中層樹幹，常見大面積附生，最常見的附生物種為灰背櫟及木荷。

海拔高度｜ 800 公尺以下。

賞 花 期｜ 3 月至 5 月，以 3 月下旬至 4 月中旬為最佳。

分布區域｜ 台東太麻里以南靠太平洋沿岸地區，該地多為原住民保留地，地主可申請小面積砍伐，因此常化整為零的砍伐，台灣捲瓣蘭的生育面積正在逐年減少，當地秋冬兩季吹拂東北季風，因此乾濕季不明顯。

外部特徵｜ 假球莖圓形，間距短。花序自假球莖基部抽出，花序長於葉叢，單個花序花三至九朵，上萼片及側瓣被橘紅色緣毛，側萼片完全分離不具緣毛或偶有極疏極短緣毛，近似繖形花序，花橘紅色。

1 上萼片及側瓣被橘紅色緣毛，側萼片完全分離，不具緣毛或偶有極疏極短緣毛。

2 近似繖形花序，花橘紅色。

3 花序自假球莖基部抽出，花序長於葉片，

單個花序花三至九朵。

4 果莢。

5 假球莖圓形，間距短。

豆蘭屬／石豆蘭屬 *BULBOPHYLLUM*

金枝雙花豆蘭 *Bulbophyllum tenuislinguae*

同物異名｜ 雙花豆蘭。

相關物種｜ *Bulbophyllum hymenanthum*。

屬　性｜ 特有種，附生蘭，中高位附生，亦有附生於岩石上的族群。

海拔高度｜ 1,400 公尺至 1,800 公尺

賞 花 期｜ 3 月下旬至 4 月底。

分布區域｜ 已知分布地在台中和平區武陵農場附近、新竹縣、苗栗縣等地中海拔霧林帶原始林，性喜光線較充足及水氣較多的地方，在大甲溪上游支流曾發現大片附生於岩石上。

外部特徵｜ 根莖匍匐生於樹幹或岩石上，葉自莖節處生出，假球莖退化。金枝雙花豆蘭、小葉豆蘭、狹萼豆蘭植物體在未開花時幾乎難以分辨，僅開花時較易區別。狹萼豆蘭單一花序僅單朵花可輕易區分，小葉豆蘭及金枝雙花豆蘭單一花序大多二朵花，則僅能以唇瓣的差異來區分，金枝雙花豆蘭唇瓣漸尖且花被片具紫色縱紋或斑塊，基部常具大面積的深色紫暈，小葉豆蘭唇瓣先端圓鈍，基部僅中肋具小面積的淡紫色暈，同時金枝雙花豆蘭花朵較大，小葉豆蘭花朵較小。

1 唇瓣漸尖且花被片具紫色縱紋或斑塊。
2 唇瓣基部常具大面積之深色紫暈。
3 單花序多為二朵花。
4 根莖匍匐生於樹幹或岩石上，葉自莖節處生出，假球莖退化。

豆蘭屬／石豆蘭屬 *BULBOPHYLLUM*

小葉豆蘭 *Bulbophyllum tokioi*

同物異名｜ 小白花石豆蘭
Bulbophyllum derchianum。

屬　　性｜ 特有種，附生蘭，中位附生，常與苔蘚伴生。

海拔高度｜ 1,000 公尺至 1,900 公尺。

賞 花 期｜ 4 月中旬至 5 月底，低海拔位置開花較早。

分布區域｜ 台灣全島中海拔霧林帶原始林，喜空氣富含水氣通風良好的環境。

外部特徵｜ 常大面積附生於樹幹上，根莖細長，假球莖退化，葉片與伏石蕨及狹萼豆蘭、金枝雙花豆蘭極為相似，伏石蕨的根莖被覆稀疏鱗片且有孢子葉可與之明顯區別。狹萼豆蘭及金枝雙花豆蘭則有待開花時才能明確的區分。根莖多莖節，葉長於莖節上，花序自莖節抽出，單花序兩朵花或少數三朵花，狹萼豆蘭則單花序一朵花能明確區分。然則同樣是一個花序多為兩朵花的小葉豆蘭及金枝雙花豆蘭則僅能以唇瓣的差異來區分。小葉豆蘭唇瓣先端圓鈍，僅基部中肋具小面積的淡紫色暈，金枝雙花豆蘭唇瓣漸尖且花被片具紫色縱紋或斑塊，基部常具大面積的深色紫暈，同時小葉豆蘭花朵較小，金枝雙花豆蘭花朵較大。

1 常大面積附生於樹幹上。
2 單花序兩朵花，唇瓣先端圓鈍，僅基部中肋具小面積之淡紫色暈。
3 少數單一花序三朵花。
4 根莖細長，假球莖退化，葉片與伏石蕨及狹萼豆蘭、金枝雙花豆蘭極為相似。
5 根莖多莖節，葉長於莖節上，花序自莖節抽出。

豆蘭屬／石豆蘭屬 *BULBOPHYLLUM*

傘花捲瓣蘭 *Bulbophyllum umbellatum*

同物異名| 纖形捲瓣蘭。

屬　　性| 附生蘭，中位附生或附生於岩石上。

海拔高度| 600 公尺至 2,200 公尺。

賞 花 期| 2 月至 4 月，西部為 2 月至 3 月，東部為 3 月至 4 月。

分布區域| 零星分布於西部及東部中低海拔森林中，附生樹種不限。

外部特徵| 成熟假球莖圓錐狀、常皺縮，表面光亮，花序自假球莖基部抽出，花序短於葉叢，花近纖形排列，三至六朵，花被片均全緣，密被紅褐色細小斑點。

1~2　花纖形排列，三至六朵，花被片均全緣，密被紅褐色細小斑點。
3　花序自假球莖基部抽出，花序短於葉叢。
4　成熟假球莖圓錐狀、常皺縮，表面光亮。

寬囊大蜘蛛蘭 *Chiloschista parishii*

屬　　性｜ 附生蘭，附生樹種以針葉樹為主，中高位附生。

海拔高度｜ 700 公尺至 1,200 公尺。

賞 花 期｜ 3 月至 4 月。

分布區域｜ 屏東三地門山區，除河流兩岸外，亦有生長在離河甚遠的山坡上，但該山坡為霧林帶迎風坡，富含水氣。

外部特徵｜ 與大蜘蛛蘭外表相同，根系發達，綠色，通常不長葉，僅偶爾長出葉片，主要以綠色根系行光合作用。花黃綠色，被褐色斑塊，唇瓣囊袋圓鈍。與大蜘蛛蘭稍有不同，大蜘蛛蘭雖有時唇瓣囊袋亦有被褐色斑塊，但大蜘蛛蘭通常斑塊較少，較疏，還有，大蜘蛛蘭的囊袋底部較尖銳，不如寬囊大蜘蛛蘭囊袋底部較圓鈍，但差異極小，兩者的褐色斑塊外形也有差異。

1　花黃綠色，被褐色斑塊，唇瓣囊袋圓鈍，斑塊較多較密。
2　囊袋底部較圓鈍。
3　根系發達，主要以綠色根系行光合作用。
4　通常不長葉，僅偶爾長出葉片。

大蜘蛛蘭屬 *CHILOSCHISTA*

大蜘蛛蘭 *Chiloschista segawae*

屬　　性｜ 特有種，附生蘭，中低位附生，附生樹種以闊葉樹為主，亦常附生在藤本植物的攀緣莖上。

海拔高度｜ 600 公尺至 1,300 公尺。

賞 花 期｜ 3 月至 4 月。

分布區域｜ 以高屏溪、濁水溪、大甲溪三大河流的中游或支流兩岸為主，需空氣濕度較高的環境。

外部特徵｜ 與寬囊大蜘蛛蘭外表相同，根系發達，綠色，通常不長葉，僅偶爾長出葉片，主要以綠色根系行光合作用。花黃綠色，除囊袋被褐色斑塊外，萼片及側瓣僅區域性的植株會被褐色斑塊，但斑塊的密度及數量均較寬囊大蜘蛛蘭為疏為少。兩者囊袋亦有不同之處，大蜘蛛蘭的囊袋底部較尖銳，而寬囊大蜘蛛蘭囊袋底部較圓鈍，但差異極小。果莢香蕉型。

1　黃綠色，囊袋被褐色斑塊，本圖為萼片及側瓣不被褐色斑塊之類型。
2　囊袋底部較尖銳。
3　本圖為囊袋及萼片、側瓣均被褐色斑塊之類型。
4　果莢呈香蕉型。
5　通常不長葉，僅偶爾長出葉片。
6　根系發達，綠色，主要以綠色根系行光合作用。

隔距蘭屬／閉口蘭屬 CLEISOSTOMA

虎紋隔距蘭 *Cleisostoma paniculatum*

屬　　　性｜附生蘭，中高位附生。

海拔高度｜300 公尺至 1,100 公尺。

賞 花 期｜6 月至 7 月。

分布區域｜全台灣低海拔地區闊葉林內，通風良好的山坡地樹木上，以北部及東北部較多。

外部特徵｜葉線形二列，厚革質，基部具關節，先端深裂凹陷，二裂片大致等長且先端圓形，莖兩側常生長粗大的氣生根。花序自莖側邊抽出，花序甚長且多分枝，花數多，花萼及側瓣兩側被縱向褐色條紋。本種在未開花時外形與豹紋蘭相似，但可觀察莖是否長氣生根及葉尖是否深裂凹陷可資分別。

1　莖兩側常生長粗大之氣生根。

2　花序多分枝，花數甚多。

3　花序自莖側邊抽出。

4　葉線形二列，厚革質。

5　葉先端深裂凹陷，二裂片大致等長且先端圓形。

綠花隔距蘭 *Cleisostoma uraiense*

同物異名｜ 烏來閉口蘭。

屬　　性｜ 附生蘭，中高位附生。

海拔高度｜ 200 公尺至 450 公尺。

賞 花 期｜ 3 月至 4 月。

分布區域｜ 目前僅知分布於蘭嶼原始林中，長於通風良好的山坡地樹木上。

外部特徵｜ 葉線形二列，厚革質，尾端凹陷淺裂，二裂片不等長，花序約和葉片等長，花甚小，花萼及側瓣純黃綠色。

1　花甚小，花萼及側瓣純黃綠色。
2　訪花者。
3　花序約和葉片等長。
4　葉線形二列，厚革質，尾端凹陷淺裂，二裂片不等長。
5　果莢。

香莎草蘭 *Cymbidium cochleare*

同物異名｜ *Cyperorchis babae* 。

屬　　性｜ 附生蘭，中低位附生或附生在岩壁上。

海拔高度｜ 600 公尺至 1,800 公尺。

賞 花 期｜ 11 月至次年 1 月，11 月中旬至 12 月中旬最佳。生育地點少，植株少，產地偏遠需長途跋涉，賞花難度算是較難的物種。

分布區域｜ 分布在新北市烏來區、桃園市復興區、宜蘭縣、花蓮縣、台東縣、台中市和平區、南投縣、高雄市、屏東縣等中低海拔地區的原始林中。附生在樹上或岩壁上，環境為空氣含水量極高的區域，因此通常長在低海拔的河谷兩旁或中海拔的霧林帶，若光線稍弱，則開花率不高。已發現的生育地不多，植株也只有少數，在台灣算是較稀有的物種。

外部特徵｜ 植株外觀與鳳蘭極為相似，未開花時不易辨識，可用手指觸摸葉背的葉緣，香莎草可感覺至少一邊葉緣反捲，鳳蘭則無反捲，香莎草蘭成熟株葉片有九片以上，鳳蘭則在八片以下，香莎草蘭裸露之假球莖較長，可見九個以上的環型莖節，鳳蘭假球莖則較短，不容易看到裸露之假球莖。花序自假球莖基部抽出，花序下垂，長約 40 公分，花亦下垂，僅半展開，花黃褐色，唇瓣內側及蕊柱下方密被斑點，偶可見全花黃綠色的類型。結果率低，通常高位附生較易結果，低位附生不易結果。果莢外觀與鳳蘭極其相似，果期長達 12 個月尚未爆開，香莎草蘭果實宿存的蕊柱長度約與果莢等長，鳳蘭果實宿存的蕊柱則不及果莢的五分之一甚或更短。

1 **2** **3**

鳳蘭 *Cymbidium dayanum*

同物異名｜冬鳳蘭。

屬　　性｜附生蘭。

海拔高度｜1,500 公尺以下。

賞 花 期｜8 月至 12 月，同一區域花期相差甚多，有可能是因為日照時間長短的關係，遮蔭較多的可能較早開花，日照時間較長的可能較晚開花。

分布區域｜全台灣低海拔平地及山區，不分人造林或次生林或原始林，甚耐旱，甚至連平地的校園、公園或農場都可看到自然繁衍的鳳蘭植株。生長環境從半日照到全日照均可，半日照開花性較差，全日照開花性極好。

外部特徵｜植株外形極似香莎草蘭，但葉緣不反捲、單株葉片八片以下及果實宿存蕊柱約僅果莢長度之五分之一，這三點可與香莎草蘭分別。花序下垂，長約 30 公分，花白色，唇瓣及蕊柱紅色，萼片及側瓣中肋具一條紅色縱紋。單朵花壽約一週，花無明顯氣味，結果率甚高，果莢約需 12 個月以上才會成熟爆開。

1　花白色，唇瓣及蕊柱紅色，萼片及側瓣中肋具一紅色縱紋。

2　單株葉片八片以下，花序下垂。

3　果莢宿存蕊柱不及果莢長度之五分之一。

4　結果率高。

左頁圖：

1　花黃褐色，唇瓣內側及蕊柱下方密被斑點。

2　香莎草蘭果莢。

3　花序下垂，約 40 公分，花亦下垂，僅半展開。

蕙蘭屬 *CYMBIDIUM*

金稜邊 *Cymbidium floribundum*

同物異名｜ 多花蘭。

同物異名｜ 附生蘭，大都附生在原始林的大樹上，少部分附生在潮溼岩壁上或河谷附近向陽的大石頭上。

海拔高度｜ 1,000 公尺至 2,200 公尺。

賞 花 期｜ 3 月至 5 月。

分布區域｜ 台灣本島霧林帶山區，以新北、桃、竹、苗、南投、宜蘭一帶最多。生育環境為空氣富含水氣的霧林帶或河谷附近，附生在大樹幹上或長滿苔蘚的大石壁上。

外部特徵｜ 葉線形細長，在陽光充足環境的植株長得像四季蘭，葉尾有旋轉扭曲的現象。花序自假球莖基部抽出，花序斜上至斜下生長，萼片及側瓣紅色，唇瓣白色被紅色斑塊，花並無顯著的花香。

1　萼片及側瓣紅色，唇瓣白色被紅色斑塊。
2　葉尾有旋轉扭曲之現象。
3　長在陽光充足環境的植株像四季蘭。
4　花序自假球莖基部抽出，花序斜上至斜下生長，一個花序可達數十朵花。

石斛屬 *DENDROBIUM*

黃花石斛 *Dendrobium catenatum*

同物異名 | 黃石斛；*Dendrobium tosaense*；清水山石斛 *Dendrobium tosaense var. chingshuishanianum*。

屬　　性 | 附生蘭，附生於樹幹上或岩石上，亦可見長於山坡上的土石中。

海拔高度 | 1,500 公尺以下。

賞 花 期 | 4 月至 6 月。

分布區域 | 分布於東北部及東南部低海拔山區，包括花蓮東部及宜蘭蘭陽溪流域及新北市東部，還有台東及屏東，生育地在海濱、河谷兩旁或迎風山坡空氣富含水氣的環境。

外部特徵 | 植株外觀近似石斛，長於樹幹上日照較少的植株較細長，長在裸露岩石上全日照的植株較粗短，花序在莖節旁抽出，花淡黃色至淡綠色，唇瓣內部中段具紅斑，亦有少數植株不具紅斑。

1 訪花者，背後還粘著一個花粉塊。
2 花淡黃色至淡綠色，唇瓣內部中段具紅斑。
3 唇瓣內部中段不具紅斑個體。
4 長在裸露岩石上全日照之植株較粗短。
5 長於樹幹上日照較少之植株較細長。

長距石斛 *Dendrobium chameleon*

同物異名｜彎大石斛；鷹爪石斛。

屬　　性｜附生蘭，中低位附生，亦可附生在岩石上。

海拔高度｜300 公尺至 1,500 公尺。

賞花期｜9 月底至 12 月初。

分布區域｜台灣東南部沿東部太平洋沿岸至台灣北部，大體上是東北季風盛行區，喜溫暖潮溼環境，若遇強烈寒流，氣溫降至零度以下植株會被凍死。

外部特徵｜莖下垂，中段會分枝，分枝的莖亦會再重複分枝，若年代夠久，莖總長度可超過一公尺。成熟株落葉，花芽自落葉的莖節抽出，花近白色，萼片及側瓣具明顯紫色縱紋，距甚長。

1　莖下垂，中段會分枝，分枝之莖亦會再重複分枝，若年代夠久，莖總長度可超過一公尺。

2　距甚長。

3　花近白色，萼片及側瓣具明顯紫色縱紋。

4　成熟株落葉，花芽自落葉之莖節抽出。

石斛屬 *DENDROBIUM*

金草 *Dendrobium chryseum*

同物異名 | *Dendrobium clavatum var. aurantiacum*。

屬　　性 | 附生蘭，高位附生，偶爾可見長在日照充足的岩石上。

海拔高度 | 1,000 公尺至 2,000 公尺。

賞 花 期 | 5月至7月，南部開花較早，北部開花較遲，中南部開花性良好，每次花季大量開花，東北部尤其是宜蘭地區開花性不佳，每次花季僅零星開花。

分布區域 | 全台灣中海拔區域，喜空氣溼潤日照較佳的環境，全日照環境下亦可生存良好，因此中南部霧林帶原始林是其最佳生育地，附生於大樹的中高層枝幹。

外部特徵 | 莖直立或斜向上生長，黃綠色，花序自靠頂端的莖節抽出，一莖有數個花序，單一花序花一至三朵，花金黃色，側瓣大於萼片，唇瓣圓形，邊緣細鋸齒狀。

1　花序自靠頂端之莖節抽出，一莖有數個花序，單一花序花一至三朵。
2　花金黃色，側瓣大於萼片，唇瓣圓形，邊緣細鋸齒狀。
3　訪花者。
4　偶爾可見長在日照充足之岩石上。
5　莖直立或斜向上生長。
6　果莢。

鬚唇暫花蘭 *Dendrobium comatum*

同物異名｜ 木斛；*Flickingeria comata*。

屬　　性｜ 附生蘭，高位附生。

海拔高度｜ 500 公尺以下。

賞 花 期｜ 2 月至 8 月，通常是 5 月至 8月。

分布區域｜ 分布地以屏東及台東為主，開闊河谷地形及山坡地較常見，生長在高大濶葉樹的高位枝幹上，有與大腳筒蘭混生的現象。

外部特徵｜ 除基部萌蘗新株，植株中間也會萌蘗新株，常見大叢生長，大者一叢有數百枝條，一次開花可上千朵，十分壯觀。我曾數次在原生地看過掉在地上的大叢鬚唇暫花蘭植株，一叢重達數十公斤，但掉在地上的植株因為缺乏日照，通常無法存活。莖具莖節，莖節除了可萌蘗新芽外，還會長葉及開出花朵。花序頂生或自莖節處的下緣抽出，在長葉或不長葉的莖節上，會開在莖節的一側或兩側，所以有不同的情況組合，最熱鬧的情況是多朵花一前一後的開在一片葉的前後。花白色，唇瓣三裂，中裂片淡黃色，上半段長方形狀，後半段裂成多數長條捲曲絲狀物。單朵花壽僅一天。

1　花白色，唇瓣三裂，中裂片淡黃色，上半段長方形狀，後半段裂成多數長條捲曲絲狀物。

2　多朵花一前一後的開在一片葉的前後。

3　通常附生在樹冠層高處。

4　果莢。

5　常見大叢生長，大者一叢有數百枝條，一次開花可上千朵，十分壯觀。

石斛屬 *DENDROBIUM*

鴿石斛 *Dendrobium crumenatum*

屬　　性｜ 附生蘭，以附生在岩石上為主，亦有長在岩石上的淺草叢中或樹幹上。

海拔高度｜ 250 公尺以下。

賞 花 期｜ 4 月至 7 月。

分布區域｜ 目前僅發現在綠島，通常長在全日照的環境，傳說在南投縣南北東眼山間的稜線曾有發現紀錄，但尚未得到實證。

外部特徵｜ 莖基部常會萌蘗新枝，基部三個節間肥大為儲藏區，是儲藏營養及水份所在，新株儲藏區具包膜，老株包膜脫落。儲藏區以上長葉部分是營養區，兩旁長葉片司光合作用之職，此區亦常萌蘗分枝。營養區以上未長葉部分是生殖區，細長的生殖區有節點，具鞘狀膜質苞片。花序可不定時不按次序重複自節點抽出，每一節點每次多為一個花序，少數有二個花序的情形，一個花序一朵花。單朵花壽命僅一天，開花時間不定，分批開，所以很難掌握開花時間。花白色，唇瓣中間具三至五條黃色縱向稜脊，花的側面有如一隻正在飛翔的鴿子。

1　花白色，唇瓣中間具三至五條黃色縱向稜脊。
2　花的側面有如一隻正在飛翔的鴿子。
3　花序可不定時不按次序重複自節點抽出。
4　莖基部常會萌蘗新枝，基部三個節間肥大是為儲藏區，是儲藏營養及水份所在。
5　營養區及生殖區。
6　每一節點每次多為一個花序，少數有二個花序的情形，一個花序一朵花。

燕石斛 *Dendrobium equitans*

屬　　性｜ 附生蘭，附生於岩石上，或附生於樹幹上。

海拔高度｜ 400 公尺以下。

賞 花 期｜ 除冬天我未見過花外，其他時間不定時開花。

分布區域｜ 目前僅發現於台東蘭嶼。

外部特徵｜ 莖叢生於基部，沒有明顯膨大現象，或僅第二莖節或第三莖節稍微膨大，外表具縱稜，葉二列互生呈一平面，生於莖節上。日照較少的植株較細長向下生長，長在裸露岩石上全日照的植株較粗短向上生長。花序生於最先端葉片的葉基，花白色，唇瓣基部淡黃色，唇盤及邊緣具肉質長毛，不定時開放，單朵花壽命僅一天。花的側面有如一隻飛翔的燕子。

1　花的側面有如一隻飛翔的燕子。
2　側萼片包覆唇瓣基部成頦。
3　唇瓣基部淡黃色，唇盤及邊緣具肉質長毛。
4　花序生於最先端葉片之葉基，花白色。
5　果莢。
6　長在裸露岩石上全日照之植株較粗短，向上生長。
7　莖叢生於基部，沒有明顯膨大現象，長於樹幹上日照較少之植株較細長向下生長，葉二列互生呈一平面。

石斛屬 *DENDROBIUM*

新竹石斛 *Dendrobium falconeri*

同物異名｜紅鸝石斛；念珠石斛。

屬　　性｜附生蘭，中高位附生。

海拔高度｜900 公尺至 2,000 公尺。

賞 花 期｜4 月至 8 月。

分布區域｜台灣西半部中海拔原始林或人工林，喜空氣溼潤的生長環境，開闊河谷及迎風坡是常見的族群分布地。

外部特徵｜莖深紫色粗細不均勻，多分枝，常不定節數膨大後再縮小。花序自莖節抽出，一花序一朵花，花被片淡紫色。萼片及側瓣不被毛，唇瓣表面及唇緣具密且短的細毛，基部具深紫色及黃色斑塊。野外偶見白花品系，白花品系莖綠色，莖較粗，膨大現象不明顯，花被片淡紫及深紫色部分全白化，僅黃色斑塊仍存在。

1　花序自莖節抽出，一花序一朵花。
2　花被片淡紫色，萼片及側瓣不被毛，唇瓣表面及唇緣具密且短之細毛，基部具深紫色及黃色斑塊。
3　白花品系花的特寫。
4　白花品系莖綠色，莖較粗，膨大現象不明顯，花被片淡紫及深紫色部分全白化，僅黃色斑塊仍存在。
5　莖深紫色粗細不均勻，多分枝，常不定節數膨大後再縮小。

石斛屬 *DENDROBIUM*

小攀龍 *Dendrobium fargesii*

同物異名｜ *Dendrobium sanseiense*；
著頦蘭；*Epigeneium fargesii*。
屬　　性｜ 附生蘭，附生在高大樹木的
高位樹幹或附生在大岩壁上。
海拔高度｜ 800 公尺至 2,200 公尺。
賞 花 期｜ 5 月至 6 月。
分布區域｜ 台灣全島未經開發的區域，
常長在陽光及水氣充足的地方，如河
谷中央的大石頭或河谷旁的大岩壁
上，還有霧林帶的原始森林大樹上亦
有不少族群。北部地區以大樹為主，海
拔稍高處常可見鐵杉樹幹高處滿布小

攀龍的植株，但同株樹較低矮的樹幹
上則無其蹤跡。霧林帶則可見大片附
生於岩壁上，大雪山區就可見大片族
群長在全日照的裸露岩壁上。在太麻
里溪上游的中海拔迎東北季風坡面原
始林中，則常見密集附生在低矮的小
喬木樹幹上，數量十分可觀。

外部特徵｜ 莖匍匐，假球莖深褐色單列
密生，花序自假球莖頂端抽出，一個花
序單朵花，花白色，萼片及側瓣具紫紅
色縱向條紋。

1　花白色，萼片及側瓣具紫紅色縱向條紋。
2　花序自假球莖頂端抽出，一個花序單朵花。
3　莖匍匐，假球莖深褐色單列密生。
4　霧林帶可見大片附生於岩壁上。

石斛屬 *DENDROBIUM*

雙花石斛 *Dendrobium furcatopedicellatum*

同物異名｜ 大雙花石斛。

屬　　性｜ 特有種，附生蘭，附生於高位樹幹，亦有不少族群是長在岩壁上。

海拔高度｜ 300 公尺至 800 公尺。

賞 花 期｜ 6 月至 9 月，不定時開花。

分布區域｜ 花蓮、宜蘭、新北較多，生長在空氣流通及潮溼的環境，因此在河流兩岸的大樹上或迎風坡面的岩壁上最容易發現。

外部特徵｜ 莖黑褐色叢生，未開花時與

小雙花石斛很難分辨。花序自莖側抽出，同一莖一年可分批抽出數個花序，同一批花可一或多個花序同時開花，花為淡黃色，萼片及側瓣具紫紅色斑點且具細長尾尖。單朵花壽僅一天，整個族群開花同為一天或連續兩天，一年內有數次開花。小雙花石斛則是莖綠色，花淡黃色，萼片及側瓣不被紫紅色斑點及不具尾尖，兩者可明確辨識。

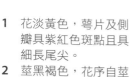

1　花淡黃色，萼片及側瓣具紫紅色斑點且具細長尾尖。

2　莖黑褐色，花序自莖側抽出，開花前一日花苞。

3　附生於河流旁之樹幹上。

紅花石斛 *Dendrobium goldschmidtianum*

同物異名｜紅石斛。

屬　　性｜附生蘭。

海拔高度｜400 公尺以下。

賞 花 期｜全年不定時開花，以春天及夏天較多。

分布區域｜目前僅記錄於蘭嶼，附生在熱帶雨林中的樹幹上，終年溫濕多雨。

外部特徵｜莖兩端細小，中段肥大，花序自落葉的莖節抽出，一莖可數個莖節同時抽出花序，一個花序花約三至十餘朵，花被片紫紅色至深紫色，具紫紅色縱向條紋。

1　花被片紅色，具紫紅色縱向條紋。
2　深紫色花被片之花。
3　花序自落葉的莖節抽出，一莖可數個莖節同時抽出花序，一個花序花約三至十餘朵。
4　莖兩端細小，中段肥大。
5　果莢。

石斛屬 *DENDROBIUM*

細莖石斛 *Dendrobium leptocladum*

屬　　性｜ 特有種，地生蘭或附生於岩壁上。

海拔高度｜ 500 公尺至 1,500 公尺。

賞 花 期｜ 6 月至 10 月。

分布區域｜ 台灣中部及南部迎風坡及大河谷兩側，生長於地上或岩石上，喜光線充足的環境，部分生育地與台灣蘆竹重疊，兩者外觀相似，不易發現。

外部特徵｜ 像小號的台灣蘆竹，只是莖較細較短，葉面較亮，質地較軟。花序自莖的下半部莖節抽出，不管落葉與否，一莖可同時數個莖節抽出花序，一個花序一至四朵花，花白色內面密被長柔毛。

1　花白色內面密被長柔毛。
2　一個花序一至四朵花。
3　花序自莖之下半部莖節抽出，不管落葉
　　與否，一莖可同時數個莖節抽出花序。
4　果莢。
5　附生於岩壁上。

石斛屬 DENDROBIUM

櫻石斛 *Dendrobium linawianum*

屬　　性｜附生蘭。

海拔高度｜200 公尺至 600 公尺。

賞 花 期｜3 月至 4 月。

分布區域｜目前僅知分布於南勢溪中上游、大漢溪支流及基隆河上游，生長於溪谷兩旁富含水氣的大樹上。

外部特徵｜莖叢生，基部較細，中後段稍粗大，具莖節，單一莖節基部較小，上部較大，整枝莖呈凹凸狀，原生地常數百枝莖叢生，向上向下或向旁生長，包覆整枝樹幹，外觀有如大號雞毛撢子的樣子，十分壯觀，可惜近年被大量採集，原生地植株已剩不多。花序自莖節處抽出，一枝莖可同時抽出數個花序，單一花序約一至三朵花，花被片基部淺紫，越向末端越深紫。

1　花被片基部淺紫，越向末端越深紫。

2　花序自莖節處抽出，一枝莖可同時抽出數個花序，單一花序約一至三朵花。

3　果莢，結果後約七至八個月成熟。

4　原生地常數百枝莖叢生，向上向下或向旁生長，包覆整枝樹幹，外觀有如大號雞毛撢子的樣子。

5　莖叢生，基部較細，中後段稍粗大，具莖節，單一莖節基部較小，上部較大，整枝莖呈凹凸狀。

石斛屬 *DENDROBIUM*

呂宋石斛 *Dendrobium luzonense*

屬　　性｜附生蘭，高位附生。

海拔高度｜400 公尺以下。

賞 花 期｜3 月至 9 月。

分布區域｜目前僅知分布於台東縣河谷旁的大樹上，主要是附生在茄苳大樹中高位的樹幹上。

外部特徵｜莖細長，比小雙花石斛大一號。花序自莖側抽出，一莖可同時抽出數個花序，一個花序二朵花，萼片及側瓣黃綠色，唇瓣具紫色斑紋。

1　花部特寫。
2　萼片及側瓣黃綠色，唇瓣具紫色斑紋。
3　花序自莖側抽出，一莖可同時抽出數個花序，一個花序二朵花。
4　附生在茄苳大樹之中高位樹幹上，莖細長，比小雙花石斛大一號。

石斛屬 *DENDROBIUM*

白石斛蘭 *Dendrobium moniliforme*

同物異名 | 石斛蘭。

屬　性 | 附生蘭，大部分附生在樹幹上，少部分附生在岩壁上。

海拔高度 | 400 公尺至 2,600 公尺。

賞花期 | 3 月至 6 月為主，10 月至 11 月偶見。

分布區域 | 台灣全島中低海拔山區，北部新北市山區海拔可低至 400 公尺，花東山區海拔可高至近 2,600 公尺。

外部特徵 | 莖叢生，生長於光線較強的環境莖較短且直立，光線較弱則莖較常平伸或下垂，外表綠色或黃綠色或紫黑色，具多節莖節，葉及花序均於莖節處生出，花大都為白色，但偶可見乳黃色、黃綠色、粉紅色或淡紫色。

石斛屬 *DENDROBIUM*

琉球石斛 *Dendrobium moniliforme var. okinawense*

同物異名｜ *Dendrobium okinawense*。

屬　　性｜ 附生蘭。

海拔高度｜ 800 公尺至 1,700 公尺。

賞 花 期｜ 3 月至 6 月。

分布區域｜ 台灣全島中海拔山區，以花東地區為主。

外部特徵｜ 與白石斛蘭極其相似，僅花較大及花被片較狹長勉強可以分別，但應只是白石斛蘭的種內變異。

1 花較大及花被片較狹長。
2 花特寫。
3 與白石斛蘭極其相似。

左頁圖：

1 具淡紫色花的白石斛。
2 白色花的白石斛。
3 果莢。
4 光線較弱莖較長，平伸或下垂。
5 乳黃色的白石斛。
6 附生在岩壁上之植株。
7 附生在樹幹上的白石斛，光線較強，莖較短直立。

石斛屬 DENDROBIUM

臘石斛 Dendrobium nakaharae

同物異名 | 臘著頦蘭；臘連珠；
Epigeneium nakaharae。

屬　　性 | 附生蘭，主要附生於大樹的
高位枝幹，亦有附生於岩石上的情形。

海拔高度 | 800 公尺至 2,000 公尺。

賞 花 期 | 9 月至 12 月。

分布區域 | 台灣全島原始林中，附生並
不分樹種，但海岸山脈的灰背櫟上常
可見大量族群附生，桃園復興山區可

見附生於岩石上的族群。常與他種豆
蘭伴生，如台東山區可見與白花豆蘭
及狹萼豆蘭伴生，大武山區可見與北
大武豆蘭及狹萼豆蘭伴生。

外部特徵 | 莖匍匐，假球莖綠色單列密
生。花序自假球莖頂端抽出，一個花序
單朵花，花萼及側瓣黃棕色，唇瓣紅棕
色，全花表面具油亮光澤。

1~2　花萼及側瓣黃棕色，唇瓣紅棕色，全花表面具油亮光澤。
3　果莢。
4　莖匍匐，假球莖綠色單列密生。
5　花序自假球莖頂端抽出，一個花序單朵花。

石斛屬 *DENDROBIUM*

台灣石斛 *Dendrobium nobile var. formosanum*

屬　　性｜特有變種，附生蘭，高位附生。

海拔高度｜800 公尺至 1,200 公尺。

賞 花 期｜3 月至 4 月。

分布區域｜目前僅知分布於苗栗南庄鄉及新竹五峰鄉，但野生族群遭濫採嚴重，目前已極難尋獲。我曾在南庄鄉原住民住家旁看見種在樹上的植株，據稱是其祖先採自附近山中。

外部特徵｜與金釵石斛 *Dendrobium nobile* 外形極度相似，台灣石斛唇瓣先端圓鈍，金釵石斛先端具尾尖，是兩者最大之不同。

1 外形與金釵石斛極度相似。
2 苗栗南庄住民稱其祖先採自附近山中攜回種植之台灣石斛蘭。

石斛屬 *DENDROBIUM*

世富暫花蘭 *Dendrobium parietiforme*

同物異名 | *Dendrobium parietiformis*；
Flickingeria parietiforme；
Flickingeria shihfuana。

屬　　性 | 附生蘭。

海拔高度 | 1,000 公尺至 2,000 公尺。

賞 花 期 | 5 月至 9 月。

分布區域 | 僅有一次發現紀錄，據說
在屏東小鬼湖附近的一段斷枝上所發
現，攜回培養後開花發表為世富暫花
蘭。

外部特徵 | 莖細長下垂，假球莖疏生於
莖節或莖頂，葉生於假球莖頂。花序自
假球莖頂端葉基背部抽出，一次一朵，
可重複開花，萼片及側瓣淡綠色，萼片
寬大，側瓣線狀，唇瓣白色寬大，距圓
形，單朵花壽命僅一天。

1　萼片及側瓣淡綠色，萼片寬大，側瓣線狀，唇瓣白色寬大。
2　花序自假球莖頂端葉基背部抽出，一次一朵，可重覆開花。
3　莖細長下垂，假球莖疏生於莖節或莖頂，葉生於假球莖頂。
4　距圓形。

石斛屬 DENDROBIUM

小雙花石斛 *Dendrobium somae*

屬　　性 | 特有種，附生蘭。

海拔高度 | 100 公尺至 600 公尺。

賞 花 期 | 4 月至 10 月，不定時開花。

分布區域 | 多發現於花蓮、台東及屏東南側低海拔地區，新北市亦曾發現。多附生於溪谷兩側的大樹上或岩壁上，亦可見生於富含水氣的迎風坡上。

外部特徵 | 莖綠色叢生，未開花時與雙花石斛很難分辨。花序自莖側抽出，單莖一年可分批抽出數個花序，同一批花單莖可一或多個花序，花為淡黃綠色，單朵花壽僅一天，整個族群開花同為一天或連續兩天，一年內有數次開花。萼片及側瓣較短且不被紅斑，莖近尾端可萌蘗新芽行無性生殖。雙花石斛則莖為黑褐色，萼片及側瓣具細長尾尖，且均被紅斑，兩者有明顯的區別。

1　花序自莖側抽出，花為淡黃綠色，萼片及側瓣不具長尾尖。
2　整個族群開花同為一天或連續兩天。
3　莖叢生，未開花時與雙花石斛很難分辨。
4　莖近尾端可萌蘗新芽行無性生殖。

石斛屬 *DENDROBIUM*

淺黃暫花蘭 *Dendrobium xantholeucum*

屬　　性｜ 附生蘭。

海拔高度｜ 300 公尺至 500 公尺。

賞 花 期｜ 不定期開花。

分布區域｜ 目前僅知分布於恆春半島一處海拔約 250 公尺溪谷旁的岩壁上，但該岩壁已被洪水沖毀，目前並無發現其他生育地。

外部特徵｜ 莖叢生直立，多分枝，分枝頂端膨大為假球莖，單葉生於假球莖頂端，花序自假球莖頂端葉基背部抽出，一次單朵花，可重覆開花。花黃綠色，唇瓣三裂，中裂片再二裂，與尖葉暫花蘭唇瓣花瓣化可資分別。單朵花壽命僅一天。

1 花序自假球莖頂端葉基背部抽出，一次單朵花。

2 花黃綠色，唇瓣三裂，中裂片再二裂。

3 莖叢生直立，多分枝，分枝頂端膨大為假球莖，單葉生於假球莖頂端。

右頁圖：

1 唇瓣不裂，與側瓣相似。

2 花有時微張有時可展開，黃綠色。

3 花序自假球莖頂端葉基背部抽出，一次單朵花。

4 果莢。

5 莖叢生直立或下垂，多分枝，莖頂端或分枝頂端抽出假球莖，葉生於假球莖頂端。

6 若缺水過久，植株會從樹上掉落，若地上環境許可，亦可生長良好。

石斛屬 *DENDROBIUM*

尖葉暫花蘭 *Dendrobium xantholeucum var. tairukounia*

同物異名｜ 輻射暫花蘭；
Flickingeria tairukounia。

屬　　性｜ 附生蘭。

海拔高度｜ 400 公尺以下。

分布區域｜ 花蓮、台東、屏東南部低海拔山區。

外部特徵｜ 莖叢生直立或下垂，多分枝，莖頂端或分枝頂端抽出假球莖，葉生於假球莖頂端。花序自假球莖頂端葉基背部抽出，一次單朵花，可重覆開花，花有時微張有時可展開，黃綠色，唇瓣花瓣化，與側瓣相似，此特徵與淺黃暫花蘭有明顯的區別。單朵花壽命僅一天，若缺水過久，植株會從樹上掉落，若地上環境許可，亦可生長良好。

黃穗蘭 *Dendrochilum uncatum*

同物異名 | 穗花蘭，*Dendrochilum formosanum*；*Coelogyne uncata*。

屬　　性 | 附生蘭，大部分附生於樹幹上，少數附生在岩壁上。

海拔高度 | 1,000 公尺以下。

賞 花 期 | 10 月至 11 月。

分布區域 | 蘭嶼及恆春半島北端，生育環境為富含水氣的迎風坡或稜線上的大樹上，或溪谷兩側的樹幹或岩壁上。

外部特徵 | 假球莖圓錐狀，密生成叢，一球一葉，生長環境陽光較強則假球莖較短，反之則較瘦長。新株自老植株基部旁抽出，新葉及花序自新株頂端抽出，此時假球莖尚未膨大。花序二列互生，花鮮黃色不轉位，苞片包住子房，開花後，花序底端的假球莖才漸漸膨大。

1　假球莖圓錐狀，密生成叢，一球一葉，生長環境陽光較強則假球莖較短。
2　花序二列互生，花鮮黃色不轉位，苞片包住子房。
3　果莢。
4　生長環境陽光較弱之假球莖較瘦長。
5　新株自老植株基部旁抽出，新葉及花序自新株頂端抽出，此時假球莖尚未膨大。
6　訪花者。

黃吊蘭 *Diploprora championii*

同物異名｜ 倒垂蘭。

屬　　性｜ 附生蘭，附生於樹上或岩石上，少數能長在土石坡上，較常見的附生樹種是水同木。

海拔高度｜ 300 公尺至 800 公尺。

賞 花 期｜ 4 月至 6 月。

分布區域｜ 南投魚池鄉山區的小溪谷旁及恆春半島的迎風山坡，生長在溫暖且潮濕的環境。

外部特徵｜ 莖懸垂或平伸，葉二列互生，近基部的莖兩旁多長根，花序自莖的中段兩旁抽出，單莖一或二花序，花序不分枝，總狀花序疏生，花黃色，唇瓣內面兩側具有紅色斑紋，唇瓣中間具有反八字形紅色斜紋，唇瓣尾端二裂成蛇舌狀二裂片，二裂片變化甚大，有時完全退化，有時退化成一條，有時並不退化，不退化的裂片又存在等長與不等長的不同現象，均甚早就枯萎。

1　總狀花序疏生，花黃色。
2　唇瓣內面兩側具有紅色斑紋，唇瓣中間具有反八字形紅色斜紋，唇瓣尾端二裂片不等長之個體。
3　唇瓣尾端二裂片退化成一條之個體。
4　莖懸垂或平伸，葉二列互生，近基部之莖兩旁多長根，花序自莖之中段兩旁抽出，單莖一或二花序，花序不分枝。

烏來黃吊蘭 *Diploprora championi var. uraiensis*

同物異名 | 烏來倒垂蘭。

屬　　性 | 特有變種,附生蘭,附生於樹上或有苔蘚的石壁上。

海拔高度 | 1,100 公尺以下。

賞 花 期 | 3 月至 5 月,花期甚長。

分布區域 | 台灣北部及東部,包括新北、桃園、新竹及宜蘭低海拔山區。

外部特徵 | 莖懸垂或平伸,葉二列互生,近基部的莖兩旁多長根,花序自莖的中段兩旁抽出,單莖一或二花序,花序不分枝,總狀花序疏生,花黃色,唇瓣內側具約四條黃色縱向直條紋,唇瓣尾端蛇舌狀的二裂片,均等長且無提早枯萎的現象。

1　花黃色,唇瓣內側具約四條黃色縱向直條紋。

2　唇瓣尾端蛇舌狀之二裂片,均等長且無提早枯萎之現象。

3　花序不分枝,總狀花序疏生。

　　莖懸垂或平伸,葉二列互生,近基部之莖兩旁多長根,花序自莖之中段兩旁抽出,單莖一或二花序。

絨蘭屬 *ERIA*

香港絨蘭 *Eria herklotsii*

同物異名｜*Eria gagnepainii*；香港毛蘭。
屬　　性｜附生蘭。
海拔高度｜900 公尺。
賞 花 期｜3 月。
分布區域｜目前僅知分布於台東知本見晴山區，唯一的採集紀錄是生長於闊葉林內的筆筒樹，之後再無發現紀錄。

外部特徵｜根莖匍匐於宿主表面，間距短，根粗壯，假球莖細圓柱狀，於莖節抽出，假球莖頂具二片長卵形革質葉片。花序自兩葉片中抽出，一個花序約五至十朵花，花被片不甚展開，淺黃色，萼片外側被紫色不規則斑塊，萼片內側及側瓣內側具五條縱細紋。

1 花被片不甚展開，淺黃色，萼片內側及側瓣內側具五條縱細紋。
2 萼片外側被紫色不規則斑塊。
3 假球莖頂具二片長卵形革質葉片，花序自假球莖頂兩葉片中抽出，一個花序約五至十朵花。
4 根莖匍匐於宿主表面，間距短，根粗壯，假球莖細圓柱狀於莖節抽出。

黃絨蘭 *Eria scabrilinguis*

同物異名｜ *Eria corneri*；半柱毛蘭。

屬　　性｜ 附生蘭，有相當數量附生於岩石上，亦可見附生於樹幹較低處。

海拔高度｜ 500 公尺至 1,500 公尺。

賞花期｜ 9 月至 11 月。

分布區域｜ 台灣全島低海拔區域均有分布，生於闊葉林下或竹林下，耐濕亦耐旱，喜稍微陰暗的環境。

外部特徵｜ 假球莖簇生於基部，新假球莖於成熟假球莖基部側邊抽出，新假球莖基部具二片先出葉，葉二片生於假球莖頂端，花序於二片葉片基部旁抽出，花序梗中段具一苞片，花約 20 朵至 50 朵，淡黃色，唇瓣密被紫色肉質排狀凸刺。先出葉於第二年乾枯，葉片於開花後第三年乾枯，一假球莖一生僅能開花結果一次。植株與大葉絨蘭近似，唯假球莖相差甚多，黃絨蘭假球莖四角形柱狀，外側具四條縱稜。大葉絨蘭假球莖則為長卵球形，外側不具縱稜。

1　淡黃色，唇瓣密被紫色肉質排狀凸刺。
2　單一花序花約 20 朵至 50 朵。
3　花序於假球莖上方二片葉片基部旁抽出。
4　假球莖簇生於基部，新假球莖於成熟假球莖基部側邊抽出，新假球莖具二片先出葉，另葉二片生於假球莖頂端，花梗中段具一苞片。
5　假球莖第一年有先出葉包覆不外露，第二年可見外形具多條縱稜。

倒吊蘭屬 *ERYTHRORCHIS*

蔓莖山珊瑚 *Erythrorchis altissima*

同物異名｜ 倒吊蘭。

屬　　性｜ 真菌異營，附生於樹幹上。

海拔高度｜ 900 公尺以下。

賞 花 期｜ 3 月至 7 月。

分布區域｜ 中南部及東部地區，以宜蘭、花蓮、台東較多，新北市、台中、南投、嘉義一帶亦有分布。

外部特徵｜ 基部絕大多數生長在枯木的地下，冒出地面後就近選擇樹木攀緣而生。莖細長，可高達約八公尺，攀緣宿主不分活木或枯木，但因地緣關係，宿主枯木較多。初生莖黃綠色，基部分枝多，莖節一邊長根，對稱之另一邊長鞘狀苞片，交互生長，開花時莖轉紅褐色，圓錐花序自苞片腋部抽出，花序多分枝，花多數，一棵可達數千朵花，可陸續開數個月，花淡黃褐色。光線弱低位生長者結果率不佳，光線較強高位生長者結果率較好，果莢長約 20 公分。若生長環境不佳或改變，如宿主枯木倒地，根末端常會分叉長出珊瑚狀的不定根。

1　花淡黃褐色。

2　開花時莖轉紅褐色。

3　高位生長者結果率較好，果莢長約 20 公分。

4　圓錐花序自苞片腋部抽出，花序多分枝，花多數，一棵有數千朵花，可陸續開數個月。

5　基部大多數生長在枯木之地下，冒出地面後就近選擇樹木攀緣而生，莖細長，可高達約八公尺。

綠毛松蘭 *Gastrochilus ciliaris*

屬　　性丨 附生蘭，低位附生。

海拔高度丨 1,600 公尺至 2,300 公尺。

賞 花 期丨 9 月至 11 月。

分布區域丨 南投以北至桃園以及花蓮，生於中海拔的原始林中，多附生在高度三公尺以下的樹幹上。

外部特徵丨 莖節短，多匍匐緊貼樹幹而生，葉橢圓形或長橢圓形兩列互生。花序在莖近尾端的側邊抽出，花序數及花數不一，花淡綠色，被紫褐色斑塊，囊袋稍圓鈍，上唇三角形，先端略凹陷，唇盤及唇緣均被毛。在松蘭屬中，本種的花是最小的。

1　花序數及花數不一，花淡綠色，被紫褐色斑塊，囊袋稍圓鈍，
　　上唇三角形，先端略凹陷，唇盤及唇緣均被毛。

2　花序在莖近尾端的側邊抽出。

3　果莢。

4　莖節短，多匍匐緊貼樹幹而生，葉橢圓形或長橢圓形兩列互生。

三角唇松蘭 *Gastrochilus deltoglossus*

屬　　性｜ 特有種，附生蘭。

海拔高度｜ 2,400 公尺至 2,600 公尺。

賞 花 期｜ 6 月。

分布區域｜ 目前僅知分布於南投合歡山區，生於霧林帶通風良好的稜線旁，當地伴生有紅斑松蘭。

外部特徵｜ 莖懸垂，葉長橢圓形二列互生。花序自莖側邊抽出，花萼及側瓣淡綠色，囊袋白色，多少被紫紅色斑，上唇三角形邊緣被毛，稍小於囊袋口，囊袋口邊緣明顯被紫色斑，囊袋尾端圓錐狀。

1 花萼及側瓣淡綠色，囊袋白色，多少被紫紅色斑，上唇三角形邊緣被毛，稍小於囊袋口，囊袋口邊緣明顯被紫色斑，囊袋尾端圓錐狀。

2 花序自莖側邊抽出。

3 葉長橢圓形二列互生。

4 莖懸垂。

松蘭屬／盆距蘭屬 *GASTROCHILUS*

台灣松蘭 *Gastrochilus formosanus*

屬　　性｜ 附生蘭，低位附生，亦可附生於岩石上。

海拔高度｜ 800 公尺至 2,500 公尺。

賞 花 期｜ 不同地點花期不同，幾乎全年皆可開花，但季節或地點不對則不易見到花。最佳賞花時間及地點為 1 月至 4 月在大甲溪上游各支流河谷兩旁。

分布區域｜ 台灣各地中低海拔，生於河谷兩旁及霧林帶迎風坡的樹幹上，喜空氣濕潤的環境。

外部特徵｜ 莖匍匐或懸垂，葉生於莖節上，二列疏生，葉多為綠色，有少數疏被細紅斑。花序自莖側抽出，花黃綠色，被紅褐色斑塊，囊袋大而圓鈍，上唇橫向長度大於囊袋口，且中間被毛，囊袋外側中間有明顯縱向凸稜，囊袋尾端圓形。

1 花序自莖側抽出，花黃綠色，被紅褐色斑塊，囊袋大而圓鈍，上唇橫向長度大於囊袋口，且中間被毛。

2 莖匍匐或懸垂，葉生於莖節上，二列疏生，葉多為綠色，有少數疏被細紅斑。

3 囊袋外側中間有明顯縱向凸稜，囊袋尾端圓形。

⁻ 莖懸垂之生態。

紅斑松蘭 *Gastrochilus fuscopunctatus*

屬　　性｜ 附生蘭，中低位附生。

海拔高度｜ 1,500 公尺至 2,500 公尺。

賞 花 期｜ 全年不定時開花，以 4 月至 5 月及 8 月至 9 月為最佳。

分布區域｜ 台灣全島中海拔闊葉林或闊針葉混合林內，喜通風良好且富含水氣的雲霧帶環境。

外部特徵｜ 莖不長，斜生不匍匐，莖節短。葉二列密互生，肥厚常被紅斑。花序自莖側抽出，每年一或二個花序，每個花序多為二朵花，所以是一莖一次開二朵花或四朵花，花黃綠色通體光滑無毛，疏被紅斑，囊袋大而圓鈍，上唇圓形小於囊袋口，囊袋中間有縱向凸稜。

1　花黃綠色通體光滑無毛，疏被紅斑，花黃綠色，囊袋大而圓鈍，上唇圓形小於囊袋口，囊袋中間有縱向凸稜。

2　花序自莖側抽出，每年一或二個花序，每個花序多為二朵花，所以是一莖一次開二朵花或四朵花。

3　果莢。

4　葉肥厚常被紅斑。

5　莖不長，斜生不匍匐，莖節短，葉二列密互生。

松蘭屬／盆距蘭屬 *GASTROCHILUS*

雪山松蘭 *Gastrochilus* × *hsuehshanensis*

屬　　性｜ 特有種，附生蘭，高位附生。

海拔高度｜ 1,700 公尺至 1,800 公尺。

賞 花 期｜ 3 月至 4 月。

分布區域｜ 生育地與合歡松蘭重疊，但遠比合歡松蘭狹隘，生活環境和合歡松蘭完全相同。

外部特徵｜ 本種是台灣松蘭及合歡松蘭的雜交種，具短莖，莖節甚短，但比合歡松蘭稍長，每一莖節生一葉，葉較合歡松蘭疏生，較台灣松蘭密生。莖節除先端少數莖節尚未長根，其他莖節均具粗且長的根系，十分發達。花則介於兩者間，唇瓣被毛較台灣松蘭長且密，但較合歡松蘭短，側瓣則偶見短毛。

本種是李漢輝先生及陳金其先生於 2009 年之前就已發現，我於 2011 年拍到開花照片，並將照片提供給許天銓先生，其於 2016 年 10 月出版的《臺灣原生植物全圖鑑第二卷》第 45 頁中，以合歡臺灣松蘭之雜交公式報導。事後，陳金其先生向我反應，他想將本種命名為雪山松蘭，因此我就於 2019 年 3 月 12 日再度前往生育地，採得標本給林讚標教授，於當年正式發表為雪山松蘭。

1　唇瓣被毛較台灣松蘭長及密，但較合歡松蘭短，圖右側可見側瓣具短毛。

2　具短莖，莖節甚短，側瓣則偶見短毛。

3　莖節除先端少數莖節尚未長根，其他莖節均長粗且長之根系，根系十分發達。

4　高位附生。

松蘭屬／盆距蘭屬 *GASTROCHILUS*

黃松蘭 *Gastrochilus japonicus*

同物異名｜ *Gastrochilus somae*。

屬　　性｜ 附生蘭。

海拔高度｜ 100 公尺至 1,300 公尺。

賞 花 期｜ 7 月至 11 月，又，我曾在高士村看過 12 月有花苞的紀錄。

分布區域｜ 台灣全島低海拔闊葉林內，附生於樹幹上，生長環境為空氣潮濕溫暖的環境，河流兩旁最為常見。附生宿主不限物種，只要環境適合，連綠竹幹上都可附生，新北、宜蘭、花蓮、台東較多。

外部特徵｜ 莖短懸垂，葉密生於基部，葉長橢圓形鐮刀狀，葉尖左右不等長，長短差不大，葉緣稍具波浪緣。花序自莖側邊抽出，花數朵，萼片及側瓣黃色，唇瓣及囊袋白色，囊袋下半部及唇瓣中間被黃暈，黃暈處及囊袋口被紅色斑點或條紋，偶可見唇瓣不被紅色斑點的白色品系。未開花的狀況下，本種與黃繡球蘭植株十分相像，但本種葉鐮刀狀，黃繡球蘭則葉較筆直且葉尖兩邊長短差極大，可輕鬆辨認。

1　唇瓣不被紅色斑點之白色品系。
2　花序自莖側邊抽出，花數朵，萼片及側瓣黃色，唇瓣及囊袋白色，囊袋下半部及唇瓣中間被黃暈，黃暈處及囊袋口被紅色斑點或條紋。

3　莖短懸垂，葉密生於基部，葉長橢圓形鐮刀狀，葉尖左右不等長，長短差不大，葉緣稍具波浪緣。
4　果莢。
5　附生在綠竹幹上的黃松蘭。

松蘭屬／盆距蘭屬 *GASTROCHILUS*

寬唇松蘭 *Gastrochilus matsudae*

屬　　性｜ 特有種，附生蘭。

海拔高度｜ 1,800 公尺至 2,800 公尺。

賞 花 期｜ 9 月至 10 月。

分布區域｜ 中央山脈及雪山山脈中海拔零星分布，北至苗栗南至屏東。

外部特徵｜ 莖斜生或懸垂，不匍匐，葉兩列互生，葉綠色肥厚，長橢圓形尾端尖，被疏密不等的紅斑。花序自莖側抽出，花數朵至二十餘朵，黃綠色，全花被紫紅斑點，上唇橫向長度明顯較囊袋口寬，囊袋尾端尖且往前彎曲。

本種與何氏松蘭特徵極為相似，據坊間其他書籍記載僅有囊袋口寬窄及囊袋尾端是否較尖及是否往前彎曲可資分辨，但我經過廣泛比較並非十分明確，唯一可確定分別的特徵是本種唇瓣及囊袋均被紫紅色斑點，而何氏松蘭唇瓣及囊袋均不被斑點。寬唇松蘭模式標本採自北大武山，何氏松蘭的模式標本採於木杆鞍部，北大武山所產的松蘭全花被紫紅斑點，而木杆鞍部所產的松蘭唇瓣及囊袋均不被紫紅斑點，我以此做為分辨的依據，但尚未經學者認可。

1　上唇橫向長度明顯大於囊袋口。

2　花序自莖側抽出，花數朵，囊袋尾端尖且往前彎曲。

3　花黃綠色，全花被紫紅斑點，上唇明顯較囊袋口寬。

4　葉綠色肥厚，長橢圓形尾端尖，被疏密不等之紅斑。

5　莖斜生或懸垂不匍匐，葉兩列互生。

6　產於北大武山區的寬唇松蘭，花二十餘朵，唇瓣及囊袋均被紫紅色斑點。

松蘭屬／盆距蘭屬 *GASTROCHILUS*

何氏松蘭 *Gastrochilus matsudae var. hoii*

同物異名｜ *Gastrochilus hoii*。

屬　　性｜ 特有變種，附生蘭，中低位附生。

海拔高度｜ 2,300 公尺至 2,800 公尺。

賞 花 期｜ 2 至 6 月，以 4 至 5 月最佳。

分布區域｜ 中央山脈北段及雪山山脈，溪谷旁或霧林帶稜線上迎風坡面，均為冷涼富含水氣的環境。

外部特徵｜ 莖叢生懸垂不匍匐，葉兩列互生，綠色肥厚，長橢圓形尾端尖，或純綠色或被疏密不等的紅斑。花序自莖側抽出，花數朵，黃綠色，萼片或具帶狀縱向淺紫色暈或被紫紅色斑點，側瓣具帶狀縱向淺紫色暈，蕊柱、唇瓣及囊袋均不被斑點，上唇明顯較囊袋口寬，囊袋底部較鈍且前彎不明顯。

本種特徵與寬唇松蘭極為相似，特徵比較請參考寬唇松蘭的最後說明。

1　花黃綠色，萼片或具帶狀縱向淺紫色暈或被紫紅色斑點，側瓣具帶狀縱向淺紫色暈，蕊柱、唇瓣及囊袋均不被斑點，上唇明顯較囊袋口寬，囊袋底部較鈍且前彎不明顯。

2　莖叢生懸垂不匍匐，葉兩列互生。

3　葉綠色肥厚，長橢圓形尾端尖，或純綠色或被疏密不等之紅斑。

4　囊袋底部前彎幅度不如寬唇松蘭。

5　花粉塊外露之鏡頭。

6　果莢。

金松蘭 *Gastrochilus matsudae var. linii*

同物異名｜ *Gastrochilus linii*；
Gastrochilus flavus 。
屬　　性｜ 附生蘭。
海拔高度｜ 2,200 公尺至 2,400 公尺。
賞 花 期｜ 8 月至 10 月，以 9 月最佳。
分布區域｜ 目前僅知分布於郡大山系，生於霧林帶的潤針葉混合林下。
外部特徵｜ 無論植株或是花，特徵均與寬唇松蘭及何氏松蘭極為相似，當初之所以被發表，是因為採得的標本為晚花期的花朵，囊袋有縱向皺摺，然此特徵為多數松蘭所共有，後經學者重新鑑定為何氏松蘭。但我經過廣泛比較，坊間書籍對寬唇松蘭及何氏松蘭的分辨並不十分明確，僅有囊袋口寬窄及囊袋尾端是否較尖及是否往前彎曲可資分辨。本種唇瓣及囊袋均被紫紅色斑點，且囊袋尾端尖且往前彎曲，因此我認為本種應是寬唇松蘭的同物異名。

1~2　唇瓣及囊袋均被紫紅色斑點。
3　果莢。
4　囊袋尾端尖且往前彎曲。
5　花序抽出位置。

合歡松蘭 *Gastrochilus rantabunensis*

屬　　性｜附生蘭。

海拔高度｜1,700 公尺至 2,700 公尺。

賞 花 期｜2 月至 4 月。

分布區域｜分布於大甲溪上游各支流兩岸，附生於低位大樹幹至高位枝條，僅生長於河流兩岸近水流的區域，離水流太遠則不見其蹤跡，常與台灣松蘭伴生。

外部特徵｜葉叢生於基部，莖不明顯，根系發達，緊貼於宿主身上，葉具紫紅色斑點。在松蘭屬中，本種唇瓣被毛最長最密，最大特徵在側瓣前緣被長柔毛。

1　唇瓣密被毛，側瓣前緣被長柔毛。
2　葉叢生於基部，莖不明顯。
3　葉具紫紅色斑點，根系發達，緊貼於宿主身上。
4　果莢。

松蘭屬／盆距蘭屬 *GASTROCHILUS*

紅檜松蘭 *Gastrochilus raraensis*

同物異名｜ 拉拉山松蘭

屬　　性｜ 特有種，附生蘭，中低位附生。

海拔高度｜ 1,500 公尺至 2,200 公尺。

賞 花 期｜ 2 月至 4 月。

分布區域｜ 台灣全島中海拔原始林霧林帶，喜潮溼環境空氣流通良好的環境，稜線上及迎風坡是其最佳生育地。

外部特徵｜ 莖向下斜生或懸垂不匍匐，常有根未能緊貼宿主身上，而致容易掉落的情形。葉二列互生，葉疏被紅斑或密被紅斑。花淡綠色被紅斑，唇瓣圓形表面被長細毛。在松蘭屬中，本種囊袋最為細長，囊袋尾端稍往前彎，因花形亮麗，常被愛花人士採集。

1 葉二列互生，葉疏被紅斑個體。
2 花淡綠色被紅斑，唇瓣圓形表面被長細毛，在松蘭屬中，本種囊袋最為細長，囊袋尾端稍往前彎。
3 莖向下斜生或懸垂不匍匐。
4 常有根未能緊貼宿主身上，而致容易掉落之情形。

右頁圖：

1 花序頂生，花序梗於第一苞片以上被毛，單一花序花數十朵。
2 子房轉位約 180 度，花朝地面方向展開。
3 花序後半段向下彎曲。
4 葉綠色，具多條基出白色縱向脈紋，縱向脈紋間又具有許多橫向白色脈紋，在整個葉表形成白色不規則網狀方格，中肋兩旁常滿布縱向白色細斑塊而形成帶狀紋路。
5 萼片外側淡綠色，花瓣及蕊柱白色，唇瓣先端全緣。

斑葉蘭屬 *GOODYERA*

銀線蓮 *Goodyera hachijoensis var. matsumurana*

同物異名 | 假金線蓮；*Goodyera hachijoensis*；*Goodyera matsumurana*。

屬　　性 | 地生蘭或低位附生蘭，兩者比率相當，在遮陰較少的地方地生較多，遮陰較多的地方則附生的較多。

海拔高度 | 400 公尺至 1,400 公尺。

賞 花 期 | 7 月至 8 月。

分布區域 | 台灣全島零星分布，生於闊葉林或柳杉人造林下，喜歡較潮濕的環境，但潮濕的地表常有雙子葉植物如冷清草等與之競爭，銀線蓮在蘭科植物中新植株的更新算是較快的，因此在生長環境變更後，如果環境適合會較快的在地表長出新植株，但稍後它的成長速度就會被其他雙子葉植物趕過，而漸漸消失在草叢中。所以在生態較穩定的環境下，地表通常無銀線蓮的蹤跡。為了避開與他種地生雙子葉植物的競爭，銀線蓮就選擇附生在樹幹低處或長滿苔蘚的岩石上，但銀線蓮需要潮濕的環境，因此，只能在河谷兩旁的樹幹上或岩石上持續生長延續後代。

外部特徵 | 附生或地生蘭，莖部分匍匐先端直立，葉三至六枚。葉綠色，具多條基出白色縱向脈紋，縱向脈紋間又具有許多橫向白色脈紋，在整個葉表形成白色不規則網狀方格。中肋兩旁常滿布縱向白色細斑塊而形成帶狀紋路。花序頂生，花序梗於第一苞片以上被毛，單一花序花數十朵，萼片外側淡綠色，花瓣及蕊柱白色，唇瓣先端全緣，子房轉位約 180 度，花朝向地面方向展開，花序後半段向下彎曲。

南投斑葉蘭 *Goodyera nantoensis*

同物異名｜ 阿里山斑葉蘭 *Goodyera arisanensis*；袖珍斑葉蘭。

屬　　性｜ 附生蘭，中低位附生。

海拔高度｜ 1,800 公尺至 2,500 公尺。

賞 花 期｜ 7 月至 9 月。

分布區域｜ 台灣全島中海拔霧林帶原始林內點狀零星分布，分布點及數量均不多。附生在滿布苔蘚的樹幹上，生育環境條件與垂葉斑葉蘭相同，因此常有伴生現象。

外部特徵｜ 葉綠色，表面具不規則的白色斑塊，有少數植株葉表面全綠色無白色斑塊，曾被發表為阿里山斑葉蘭 *Goodyera arisanensis*，但兩者花完全相同，葉表面有無白色斑塊只是種內變異現象而已。花序甚長，花多者可達約 50 朵，花白色，花被光滑無毛，花朝向地面單側展開。

1 花白色，花被光滑無毛。
2 葉表面全綠色無白色斑塊，曾被發表為阿里山斑葉蘭，但花完全相同。
3 花序甚長，花多者可達約 50 朵，花朝向地面單側展開。
4 葉綠色，表面具不規則的白色斑塊。
5 果莢。

垂葉斑葉蘭 *Goodyera pendula*

同物異名｜ 垂枝斑葉蘭；
Goodyera recurva。

屬　　性｜ 附生蘭。

海拔高度｜ 1,600 公尺至 2,600 公尺。

賞 花 期｜ 6 月至 7 月。

分布區域｜ 台灣全島中海拔霧林帶原始林內點狀零星分布，分布點及數量均不多。附生在滿布苔蘚的樹幹上，生育條件與南投斑葉蘭相同，因此常有伴生現象。

外部特徵｜ 葉長橢圓形。花序頂生，初時向下斜生，中段反折約 90 度向上生長，因此花序會呈 90 度的彎曲。花白色密生，朝向光線較強一側展開，僅微開，萼片表面滿布白色細長毛，唇瓣先端向上彎曲。

1　萼片表面滿布白色細長毛，唇瓣先端向上彎曲。

2~3　花白色密生，朝向光線較強一側展開，僅微開。

4　果莢。

5　葉長橢圓形，花莖自頂端抽出，初時向下斜生，中段反折約 90 度向上生長，因此花序會呈 90 度之彎曲。

斑葉蘭屬 *GOODYERA*

長葉斑葉蘭 *Goodyera robusta*

同物異名 | 雙板斑葉蘭；
Goodyera bilamellata。
屬　　性 | 附生蘭，低中高位附生。
海拔高度 | 1,200 公尺至 2,500 公尺。
賞 花 期 | 8 月至 10 月。
分布區域 | 台灣全島中海拔霧林帶，大都長在霧林帶原始森林中，喜空氣濕潤、氣溫涼爽的環境。

外部特徵 | 葉長橢圓狀，葉表綠色，偶有不明顯細白斑，細鋸齒波浪緣。與苔蘚伴生，花序由植株頂端抽出，花朝向光向較強的方位單向展開。花序梗、苞片、萼片表面密被毛，萼片內面及花瓣無毛。

1 葉長橢圓狀，葉表綠色，偶有不明顯細白斑，細鋸齒波浪緣。
2 花序由植株頂端抽出，花朝向光向較強之方位單向展開。
3 花莖、苞片、萼片表面密被毛，萼片內面及花瓣無毛。

香蘭屬 *HARAELLA*

香蘭 *Haraella retrocalla*

屬　　性｜ 附生蘭。

海拔高度｜ 400 公尺至 1,500 公尺。

賞 花 期｜ 7 月至 12 月，以 9 月至 12 月較佳，11 月及 12 月賞花以北部為主。

分布區域｜ 台灣全島低海拔及中海拔山區，喜空氣濕潤的環境，因此東北季風可帶來水氣的東部、東北部低海拔地區以及中南部中海拔的霧林帶均不難見到。

外部特徵｜ 植株小，葉密生，外形鐮刀狀長橢圓形，葉先端微二裂，兩邊不等長。花序自近基部莖旁抽出，花黃綠色，唇瓣特別寬大，比萼片及側瓣大出數倍，表面布滿細毛，中間具一深紫色大斑塊。

1 植株小，葉密生，外形鐮刀狀長橢圓形，葉先端微二裂，兩邊不等長。

2 花黃綠色，唇瓣特別寬大，比萼片及側瓣大出數倍，表面布滿細毛，中間具一深紫色之大斑塊。

3 花序自近基部莖旁抽出。

4 果莢。

早田蘭屬 *HAYATA*

裂唇早田蘭 *Hayata tabiyahanensis*

同物異名 | *Zeuxine tabiyahanensis* 裂唇線柱蘭。

屬　性 | 特有種，附生蘭。

海拔高度 | 400 公尺至 1,600 公尺。

賞 花 期 | 3 月至 5 月。

分布區域 | 主要分布地點在南投縣、新北市、宜蘭縣、花蓮縣、台東縣及恆春半島等地，喜空氣濕潤的環境，北部及東部為東北季風乾濕季不明顯的區域，南投縣的生育地則是雲霧帶。因為植株矮小，又匍匐生於樹上的苔蘚、蕨類叢中，因此未開花時不易發現，相信在其它縣市應尚有許多族群未被發現。

外部特徵 | 莖下部匍匐附生於樹幹上，上半部直立或斜生。葉長橢圓形。花序自莖頂抽出，花白色，花序梗、苞片外側、子房、萼片外側、側瓣外側均被毛，萼片帶淡粉紅色暈，側瓣與上萼片疊合成長罩狀，唇瓣中段黃色且縱向捲曲成圓柱狀，尾端白色，先端二裂，裂片尾端具不規則鋸齒緣。

1　葉長橢圓形，花序自莖頂抽出，花莖、苞片外側、子房、萼片外側、側瓣外側均被毛。

2　莖下部匍匐附生於樹幹上，上半部直立或斜生。

3　花白色，萼片帶淡粉紅色暈，側瓣與上萼片疊合成長罩狀，唇瓣中段黃色且縱向捲曲成圓柱狀，尾端白色，先端二裂，裂片尾端具不規則鋸齒緣。

全唇早田蘭 *Hayata tabiyahanensis var. merrillii*

同物異名｜ *Hayata merrillii*；*Zeuxine tabiyahanensis var. merrillii*；*Zeuxine merrillii*

屬　　性｜ 附生蘭，中低位附生。

海拔高度｜ 1,400 公尺。

賞 花 期｜ 4 月。

分布區域｜ 台灣目前僅發現於南投信義鄉山區，當地為乾濕季明顯的霧林帶原始林，即使是乾季，霧雨常帶給環境帶來相當大的濕氣。

外部特徵｜ 莖下部匍匐附生於樹幹上，上半部直立或斜生。葉長橢圓形。花序頂生，花白色，花序梗、苞片外側、子房、花萼外側、側瓣外側均被毛，萼片帶淡粉紅色暈，側瓣與上萼片疊合成長罩狀，唇瓣白色不裂呈波浪緣，中肋被淡綠色縱紋，開花時內部滿布花粉小塊，推側主要生殖機制為自花授粉。

1　唇瓣白色不裂呈波浪緣，中肋被淡綠色縱紋，開花時花內部滿布花粉小塊。
2　花白色，花莖、苞片外側、子房、花萼外側、側瓣外側均被毛，萼片帶淡粉紅

色暈，側瓣與上萼片疊合成長罩狀。
3　莖下部匍匐附生於樹幹上，上半部直立或斜生。
4　葉長橢圓形，花序自莖頂抽出。

撬唇蘭屬 *HOLCOGLOSSUM*

小鹿角蘭 *Holcoglossum pumilum*

屬　　性｜ 特有種，附生蘭。

海拔高度｜ 1,400 公尺至 2,400 公尺。

賞 花 期｜ 11 月至次年 2 月。

分布區域｜ 分布於台灣西部中海拔霧林帶地區，台東也有，喜乾濕季分明且空氣涼爽濕潤的環境，冬雨較多的東北部地區罕見其蹤跡，常附生於樹幹或樹枝上，亦可見附生於岩壁上。

外部特徵｜ 葉二列互生，針狀，表面具一長縱凹溝。未開花時植株與撬唇蘭相似，但植株較撬唇蘭為小。花序自莖側邊抽出，一棵植株可同時抽出數個花序，花紫紅色，唇瓣基部橙色。

1　花紫紅色，唇瓣基部橙色。

2　花序自莖側邊抽出，一棵植株可同時抽出數個花序。

3　附生於岩石上之族群。

4　葉二列互生，針狀，表面具一長縱凹溝，未開花時植株與撬唇蘭相似，
　　時值 9 月初，果莢已爆開。

撬唇蘭 *Holcoglossum quasipinifolium*

同物異名｜ 松葉蘭。

屬　　性｜ 特有種，附生蘭，中高位附生。

海拔高度｜ 1,700 公尺至 2,500 公尺。

賞 花 期｜ 3 月至 4 月。

分布區域｜ 嘉義以北至新竹的中海拔霧林帶原始林中，生於溪谷兩側或迎風山坡及稜線上，附生在高大樹木的樹幹上，喜涼爽且空氣濕潤的環境，但冬雨較多的宜蘭花東地區卻罕見其蹤跡。若附生宿主枯死，在全日照環境上亦可存活多年。

外部特徵｜ 葉二列互生，針狀，表面具一長縱凹溝。未開花時植株與小鹿角蘭相似，只植株較小鹿角蘭為大，因此常有人戲稱為大鹿角蘭。花序自莖側邊抽出，花白色略伴粉紅色，花萼及側瓣內面具紫色縱向脈紋，唇瓣側裂片尾端紅色或橙紅色或橙黃色，中裂片白色寬大，距自唇瓣中段向後伸出，甚長。宿主枯死後仍能在枯樹上生長數年，至樹皮剝落為止，偶可見與小鹿角蘭伴生的情形。

1 花白色略伴粉紅色，唇瓣側裂片尾端紅色或橙紅色或橙黃色，中裂片白色寬大。
2 距自唇瓣中段向後伸出，甚長。
3 葉二列互生，針狀，表面具一長縱凹溝，未開花時植株與小鹿角蘭相似，一棵植株可同時抽出數個花序。
4 宿主枯死後仍能在枯樹上生長數年，至樹皮剝落為止。
5 果莢。
6 花序自莖側邊抽出。

白花羊耳蒜 *Liparis amabilis*

同物異名｜ 卡保山羊耳蘭。

屬　　性｜ 特有種，附生蘭。

海拔高度｜ 1,300 公尺至 1,800 公尺。

賞 花 期｜ 3 月底至 4 月中旬。

分布區域｜ 目前僅知分布於北部中央山脈及雪山山脈中低海拔的霧林帶中。附生在大樹幹上，與苔蘚混生，喜乾濕季不明顯且空氣潮濕的環境。

外部特徵｜ 葉冬枯，假球莖卵形外被薄膜，每年 3 月自假球莖側抽出芽苞，成熟株芽苞含葉及花序，葉一或二枚，綠色，闊卵形。花序頂生，花約二至六朵。側瓣線形，萼片長橢圓形，均為淡綠色向外反捲，並被紫紅色縱向脈紋，唇瓣初開時淡綠色，之後漸轉紅，被紫紅色羽狀脈紋。

1　側瓣線形，萼片長橢圓形，均為淡綠色向外反捲，並被紫紅色縱向脈紋。
2　唇瓣初開時淡綠色，之後漸轉紅，被紫紅色羽狀脈紋。
3　花序頂生。
4　帶果莢的成株。
5　葉為闊卵形。

摺疊羊耳蒜 *Liparis bootanensis*

同物異名 | 一葉羊耳蒜；
Cestichis bootanensi。

屬　　性 | 附生蘭。

海拔高度 | 300 公尺至 1,800 公尺。

賞 花 期 | 8 月至次年 1 月。

分布區域 | 台灣全島中低海拔，附生於樹幹上或岩石上，生育環境為空氣富含水氣的環境，東北季風能到達的區域較多，東北季風無法到達的環境亦能生長在河流附近及霧林帶內。

外部特徵 | 假球莖卵形略扁，成列或不規則簇生，具多枚鞘狀小葉片及一長葉片，小葉片早枯，所以常見只有一球一葉，此之所以又被稱為一葉羊耳蒜的原因。葉長橢圓形尾漸尖。花序自假球莖頂端抽出，花疏生，約十餘朵至二十餘朵，綠褐色，萼片長橢圓形，側瓣線形，兩者均明顯向外反捲，唇瓣向後反折超過 90 度，柱頭兩側具一對長三角形的凸出物。

1　柱頭兩側具一對長三角形的凸出物。
2　花綠褐色，萼片長橢圓形，側瓣線形，兩者均明顯向外反捲，唇瓣向後反折超過 90 度。
3　假球莖卵形略扁，成列或不規則簇生，具多枚鞘狀小葉片及一長葉片，小葉片早枯，所以常見只有一球一葉，假球莖頂可見宿存花序梗。
4　葉長橢圓形尾漸尖，花序自假球莖頂端抽出，花疏生，約十餘朵至二十餘朵。
5　花序特寫。

叢生羊耳蒜 *Liparis caespitosa*

同物異名｜桶後羊耳蒜；小小羊耳蒜；
Cestichis caespitosa。

屬　　性｜附生蘭，中高位附生。

海拔高度｜200 公尺至 700 公尺。

賞 花 期｜8 月至 9 月。

分布區域｜零星發現於台灣全島低海拔
溪谷兩側樹上，均為未經開發的原始
區域，以南勢溪中游最多。是一個極度
仰賴高濕度環境的物種，常見生長於
溪水正上方位置及離水甚近的樹上，
離開溪流稍遠的區域未曾見過植株。

外部特徵｜假球莖長圓錐狀，成列或不
規則簇生，具數枚鞘狀小葉及一長葉，
長葉生於假球莖近頂端處，長橢圓形。
花序於假球莖頂端抽出，花十餘朵至
二十餘朵，黃綠色，花被閉鎖或全展或
部分展開部分閉鎖。展開的萼片長橢
圓形不反捲，側瓣線形亦不反捲，唇瓣
向後反折不到 90 度。

1　花十餘朵至二十餘朵，黃綠色，花被閉鎖或全展或部分展開部分閉鎖。
2　展開之萼片長橢圓形不反捲，側瓣線形亦不反捲，唇瓣向後反折不到 90 度。
3　假球莖長圓錐狀，成列或不規則簇生，具數枚鞘狀小葉及一長葉，長葉生於
　假球莖近頂端處。
4　葉長橢圓形，花序於假球莖頂端抽出。

長腳羊耳蒜 *Liparis condylobulbon*

同物異名 | 長耳蘭；
Cestichis condylobulbon。

屬　　性 | 附生蘭，中高位附生。

海拔高度 | 100 公尺至 600 公尺。

賞 花 期 | 10 月至 12 月。

分布區域 | 大約在東北季風吹拂的範圍內，以新北市、宜蘭、花蓮、台東、屏東為主。附生於大樹的主幹或支幹，宿主不限樹種，更新力強，常大片附生。需空氣潮濕的環境，除東北季風的範圍外，亦有長在河流兩旁或迎風坡水氣充足的環境。

外部特徵 | 根莖匍匐生於樹幹上，假球莖生於根莖上，間距不等，假球莖基部球狀肥大，然後急縮成細長圓柱體，如酒瓶狀。幼株基部有數枚鞘狀先出葉，長大後乾枯脫落，假球莖頂端生二枚長橢圓形葉片，近對生。花序自兩片葉中間抽出，花白色，數十朵至百餘朵，密生於花軸上成撢狀，萼片長橢圓形，側瓣線形，僅略反捲，唇瓣淡綠色縱向內凹，橫向向後反折近 180 度，兩側被短緣毛。

1　密生於花軸上成撢狀。

2　幼株基部有數枚鞘狀先出葉，長大後乾枯脫落，假球莖頂端生二枚長橢圓形葉片，近對生，花序自兩片葉中間抽出。

3　萼片長橢圓形，側瓣線形，僅略反捲，唇瓣淡綠色縱向內凹，橫向向後反折近 180 度，兩側被短緣毛。

4　假球莖基部球狀肥大，然後急縮成細長圓柱體，如酒瓶狀。

羊耳蒜屬 *LIPARIS*

心葉羊耳蒜 *Liparis cordifolia*

同物異名｜銀鈴蟲蘭；溪頭羊耳蒜。

屬　　性｜地生、附生、岩生，附生則為中低位附生。

海拔高度｜400 公尺至 1,600 公尺。

賞 花 期｜9 月至 12 月。

分布區域｜台灣全島中低海拔山區，可適於乾濕季明顯或乾濕季不明顯的區域，但乾濕季明顯的區域為地生，乾濕季不明顯的區域較多附生。

外部特徵｜假球莖自前一代假球莖側邊抽出，假球莖卵形，具二片鞘狀先出葉，葉由一片先出葉內側抽出，葉僅一枚，心形，綠色，或被或不被白色暈狀斑塊。花序自假球莖頂端抽出，花數十朵，由下往上漸次展開，往往基部花已謝而頂端仍為花苞尚未展開。花綠色，萼片及側瓣線形向外反捲，唇瓣倒卵形，先端凸出呈刺狀。

1 花綠色，萼片及側瓣線形向外反捲，唇瓣倒卵形，先端凸出呈刺狀。

2 花序自假球莖頂端抽出，花數十朵，由下往上漸次開放，往往基部花已謝而頂端仍為花苞尚未開展。

3 假球莖自前一代假球莖側邊抽出，假球

莖卵形，宿存果梗長出位置在假球莖頂端。

4 具二片鞘狀先出葉，葉由一片先出葉內側抽出，葉僅一枚，心形，綠色，或被或不被白色暈狀斑塊。

5 被白色暈狀斑塊葉片。

羊耳蒜屬 *LIPARIS*

扁球羊耳蒜 *Liparis elliptica*

同物異名｜ *Cestichis elliptica*。

屬　　性｜ 附生蘭，中低位附生。

海拔高度｜ 200 公尺至 1,800 公尺。

賞 花 期｜ 11 月至次年 2 月。

分布區域｜ 台灣全島低中海拔闊葉林下，喜生在濕潤的環境，因此乾濕季較不明顯的區域即為其分布大本營，新北市、宜蘭、花蓮、台東等地常有大量族群，常與苔蘚混生。

外部特徵｜ 假球莖圓形，扁平如圍棋子狀，兩側稜各有先出葉包覆，先出葉於植株長成後乾枯或脫落。葉二枚，綠色長橢圓形，一枚生於假球莖頂端，看起來並無葉鞘。另一枚則看起來有葉鞘遺痕半包覆於假球莖，葉身則於葉鞘頂端生出，仔細觀察，可看出葉鞘與假球莖已經部分融合成一體，中間並無間隙。花序由兩枚葉間的假球莖頂抽出，花序下垂，花密生綠色，花可達數十朵，花萼長橢圓形，側瓣線形，均不反捲。結果後，果莢往上翹起。

1　葉綠色長橢圓形，花莖由兩葉間之假球莖頂抽出，花序下垂，花密生綠色，花可達數十朵。

2　果序。結果後，果莢往上翹起。

3　假球莖圓形，扁平如圍棋子狀，兩側稜各有先出葉包覆，先出葉於植株長成後乾枯或脫落。葉二枚，一枚生於假球莖頂端，看起來並無葉鞘，另一枚則看起來有葉鞘遺痕半包覆於假球莖，葉則於葉鞘頂端生出，仔細觀察，可看出葉鞘與假球莖已經部分融合一體，中間並無間隙。

4　花萼長橢圓形，側瓣線形，均不反捲。

台灣附生蘭選介　**237**

恆春羊耳蒜 *Liparis grossa*

同物異名 | 紅鈴蟲蘭；*Cestichis grossa*。

屬　　性 | 附生蘭，中位附生。

海拔高度 | 100 公尺至 700 公尺。

賞 花 期 | 9 月至 12 月。

分布區域 | 從恆春半島、台東、花蓮等地，沿太平洋沿岸地區，北至宜蘭及花蓮交界附近，蘭嶼亦有分布，生長在河谷或迎風坡富含水氣的環境。

外部特徵 | 假球莖卵形，假球莖間緊密生長，一球具兩葉，葉橢圓形至長橢圓形，革質。花序自成熟株假球莖頂端抽出，一花序花數十朵，花被橙紅色，萼片及側瓣於基部反折，唇瓣先端二裂，於中段反折約 90 度。

1 唇瓣先端二裂，於中段反折約 90 度。
2 花被橙紅色，萼片及側瓣於基部反折。
3 花莖自成熟株假球莖頂端抽出，一花序花數十朵。
4 具果莢植株。
5 假球莖卵形，假球莖間緊密生長，一球具兩葉，
　葉橢圓形至長橢圓形，革質。

羊耳蒜屬 *LIPARIS*

樹葉羊耳蒜 *Liparis laurisivatica*

同物異名 | 小花羊耳蒜；
Cestichis laurisivatica。

屬　　性 | 特有種，附生蘭，低位附生或大面積附生於岩石上。

海拔高度 | 800 公尺至 1,900 公尺。

賞 花 期 | 9 月至 11 月。

分布區域 | 台灣全島中低海拔闊葉林下，生於空氣濕潤的環境，北部、東部東北季風可抵達的範圍，以及西部、西南部中海拔霧林帶均為其生育範圍，以桃竹苗地區較多。

外部特徵 | 假球莖圓形，基部具多枚鞘狀先出葉，鞘狀先出葉早枯。常大部落聚生，一莖一葉，葉生於假球莖近莖頂的側邊，葉細長。花序自成熟株假球莖頂抽出，一莖一序，花序通常水平方向伸展，一花序花約十餘朵，整朵花均為綠色，柱頭兩側具一對長三角形的凸出物，唇瓣反折約 90 度。

1　柱頭兩側具一對長三角形的凸出物，唇瓣反折約 90 度。

2　細長，花序自成熟株假球莖頂抽出，一莖一序，花序通常水平方向伸展，一花序花約十餘朵，整朵花均為綠色。

3　假球莖圓形，具多枚鞘狀先出葉，鞘狀先出葉早枯。

4　常大部落聚生。

5　一莖一葉，葉生於近假球莖頂的側邊。

虎頭石 *Liparis nakaharae*

同物異名 | 長葉羊耳蒜；
Cestichis nakaharae。

屬　　性 | 特有種，附生蘭。

海拔高度 | 400 公尺至 1,800 公尺。

賞 花 期 | 11 月至次年 3 月。

分布區域 | 台灣全島中低海拔林下，附生於岩石上或樹幹上，常大片密集聚生，生長環境為潮濕的環境，光線為弱光環境。

外部特徵 | 假球莖卵形，外表不平整，具多條橫向莖節及多枚綠色鞘狀先出葉，鞘狀先出葉早枯。一球頂生二葉，葉長橢圓形，先端漸尖，葉甚長。花序梗扁平狀，自假球莖頂抽出，斜上或水平或斜下生長，花約數朵至四十餘朵，整朵花為綠色，萼片向外縱向反捲並不規則扭曲，柱頭兩側僅微凸成鈍角三角形。

1　整朵花為綠色，萼片向外縱向反捲並不規則扭曲。
2　柱頭兩側僅微凸成鈍角三角形。
3　花序斜上或水平或斜下生長，花約數朵至四十餘朵。
4　假球莖卵形，外表不平整，具多條橫向莖節，一球頂生二葉。
5　扁平狀花莖側面。
6　扁平狀花莖正面。

羊耳蒜屬 *LIPARIS*

雲頂羊耳蒜 *Liparis reckoniana*

屬　　性｜特有種，地生蘭，亦附生於樹幹上。

海拔高度｜1,400 公尺至 2,300 公尺。

賞 花 期｜3 月至 4 月。

分布區域｜屏東縣及台東縣兩縣交界中央山脈稜線附近原始闊葉林下，附生於樹幹上或生長於地上，霧林帶空氣濕潤的環境，常與苔蘚伴生。

外部特徵｜植物體矮小，葉二枚橢圓形，莖不明顯。花序由莖頂抽出，花序梗亦不長，花疏生，由底至頂漸次開放，整朵花綠底帶暗紅暈，唇瓣具明顯暗紅暈的縱向條紋。

1　花序由莖頂抽出，花莖亦不長。
2　花疏生，由底至頂漸次開放，整朵花綠底帶暗紅暈，唇瓣具明顯暗紅暈之縱向條紋。
3　植物體矮小，葉二枚橢圓形，莖不明顯。
4　常與苔蘚伴生。

高士佛羊耳蒜 *Liparis somae*

同物異名 ┃ *Cestichis somae*。
屬　　性 ┃ 附生蘭。
海拔高度 ┃ 200 公尺至 600 公尺。
賞 花 期 ┃ 12 月至次年 1 月。
分布區域 ┃ 僅分布於恆春半島原始林內，附生於河流行水區正上方的樹幹上，是需水氣極強的物種。

外部特徵 ┃ 假球莖聚生，圓錐形，數枚鞘狀先出葉早枯，表面光滑或具數條縱稜。葉兩片生於假球莖頂，近對生，長橢圓形。花序自假球莖頂抽出，單花序無分枝，花近白色，花密生如撢狀，數近二、三百朵，唇瓣向後反捲成近橢圓形。

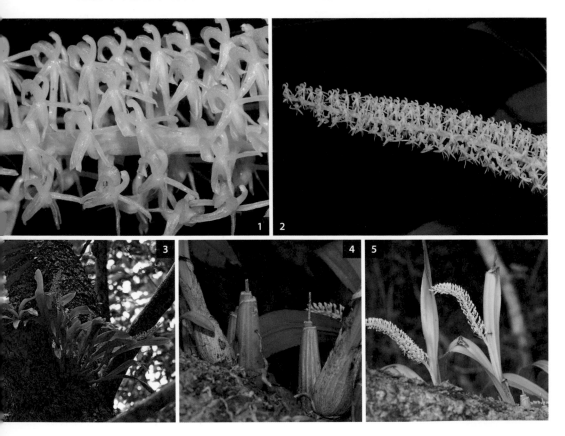

1　唇瓣向後反捲成近橢圓形。
2　花近白色，花密生如撢狀，數近二、三百朵。
3　1 月初開花，2 月初已結果。
4　假球莖聚生，圓錐形，數枚鞘狀先出葉早枯，表面光滑或具數條縱稜。
5　葉兩片生於假球莖頂，近對生，長橢圓形，花序自假球莖頂抽出，單花序無分枝。

淡綠羊耳蒜 *Liparis viridiflora*

同物異名｜ 長腳羊耳蘭；
Cestichis viridiflora。

屬　　性｜ 附生蘭。

海拔高度｜ 400 公尺至 1,700 公尺。

賞 花 期｜ 10 月至 12 月。

分布區域｜ 恆春半島、花蓮、台東、宜蘭、新北市及桃園、新竹等地區，生長區域為溪谷兩旁的樹上或迎風坡的樹上，喜四季空氣濕潤且溫暖的環境。

外部特徵｜ 假球莖長圓柱形，密生，基部具多枚綠色早枯鞘狀先出葉，外部通常光滑或微具縱向皺摺。葉兩片近對生於假球莖頂部，形狀為細長的橢圓形。花序自假球莖頂的兩葉中間抽出，單花序無分枝，花近白色，密生如撢狀，數近百朵，萼片及側瓣向後展開少捲曲，唇瓣髮夾彎向後反捲。

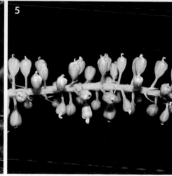

1 葉兩片近對生於假球莖頂部，葉為細長之橢圓形，花序自假球莖頂之兩葉中間抽出，單花序無分枝，花近白色，密生如撢狀，數近百朵。

2 萼片及側瓣向後展開少捲曲，唇瓣髮夾彎向後反捲。

3 假球莖基部具多枚綠色早枯鞘狀先出葉。

4 假球莖長圓柱狀，密生，外部通常光滑或微具縱向皺摺。

5 果莢，12 月中旬拍攝。

金釵蘭屬／釵子股屬 *LUISIA*

呂氏金釵蘭 *Luisia × lui*

屬　　性｜特有種，附生蘭。

海拔高度｜300 公尺至 500 公尺。

賞 花 期｜3 月至 4 月。

分布區域｜目前僅知分布於恆春半島，附生於河谷兩旁通風良好的大樹上，生長環境富含水氣。

外部特徵｜莖具莖節，葉自莖節生出，葉細長圓柱狀或針狀，尾端銳尖。花序自莖側抽出，單一花序二至八朵花，花萼及側瓣黃綠色，唇瓣暗紫色尾端淺二裂。本種可能是牡丹金釵蘭與心唇金釵蘭的天然雜交種，所以植株大小及特徵介於兩者之間。

1　花萼及側瓣黃綠色，唇瓣暗紫色 尾端淺二裂。

2　花序自莖側抽出。

3　附生於大樹幹上。

4　莖具莖節，葉自莖節生出，葉細長圓柱狀或針狀，尾端銳尖。

金釵蘭屬／釵子股屬 *LUISIA*

台灣金釵蘭 *Luisia megasepala*

同物異名｜大萼金釵蘭。

屬　　性｜特有種，附生蘭，附生於大樹幹上。

海拔高度｜600 公尺至 1,500 公尺。

賞 花 期｜2 月至 4 月。

分布區域｜零星分布於台灣全島中低海拔的森林中，生於通風良好空氣富含水氣的區域，中海拔的霧林帶是其良好的生育環境。

外部特徵｜莖呈不規則生長，或懸垂或平伸或直立，具莖節。葉自莖節生出，葉呈細長的圓柱狀或針狀，尾端銳尖，常有大片族群聚生。花序自莖側抽出，單一花序約二至三朵花，花萼及側瓣黃綠色，唇瓣尾端深二裂，暗紫色。

1 花萼及側瓣黃綠色，唇瓣暗紫色尾端深二裂。
2 花序自莖側抽出，單一花序約二至三朵花。
3 莖具莖節，葉自莖節生出，葉呈細長之圓柱狀或針狀，尾端銳尖。
4 常有大片族群聚生。
5 莖呈不規則生長，或懸垂或平伸或直立。

金釵蘭屬／釵子股屬 *LUISIA*

牡丹金釵蘭 *Luisia teres*

屬　　性｜附生蘭，中高位附生。

海拔高度｜200 公尺至 1,000 公尺。

賞 花 期｜4 月至 6 月。

分布區域｜台灣全島低海拔山區，附生在通風良好的樹上，附生不限樹種，最常見的宿主為樟樹，在苗栗山區曾見附生在龍柏的小枝條樹上。

外部特徵｜莖直立或斜生，少懸垂，具莖節。葉自莖節生出，綠色肉質圓柱狀，尾端銳尖，植株是金釵蘭屬中最細小者，常有大片族群聚生。花序自莖節上緣稍上方抽出，一莖通常有一至四莖節各抽一個花序，單一花序一至四朵花，花萼及側瓣黃綠色，唇瓣被紫褐色斑點或斑塊，花紋多變化，尾端淺二裂。

1　花萼及側瓣黃綠色，唇瓣被紫褐色斑點或斑塊，花紋多變化，尾端淺二裂。

2　一莖通常有一至四莖節各抽一個花序，單一花序一至四朵花。

3　花序自莖節上緣稍上方抽出。

4　莖具莖節，葉自莖節生出，綠色肉質圓柱狀，尾端銳尖，常有大片族群聚生。

5　果莢，7 月下旬拍攝。

6　莖直立或斜生，少懸垂。

心唇金釵蘭 *Luisia tristis*

同物異名｜ *Luisia cordata*；*Luisis teretifolia*。
屬　　性｜ 附生蘭。
海拔高度｜ 100 公尺至 500 公尺。
賞 花 期｜ 3 月至 5 月。
分布區域｜ 台灣呈一南一北一東的分布，北部在新北市烏來區，南部在台東縣達仁鄉及大武鄉，東部在花蓮，生長在溪谷兩旁或迎風坡的大樹上。

外部特徵｜ 莖直立或斜生或懸垂不一，下垂者常見尾部反轉向上，具莖節。葉自莖節生出，綠色肉質圓柱狀，尾端銳尖，植株在金釵蘭屬中相對較大。花序自莖節上緣稍上方抽出，一莖通常有一或二個花序，每個花序約五朵花左右，花萼及側瓣黃綠色，唇瓣心形，表面及背面均為暗紫色。

1~2 花萼及側瓣黃綠色，唇瓣心形，表面及背面均為暗紫色。
3 花序自莖節上緣稍上方抽出，一莖通常有一或二個花序，每個花序約五朵花。
4 莖具莖節，葉自莖節生出，綠色肉質圓柱狀，尾端銳尖，植株在金釵蘭屬中相對較大。
5 莖直立或斜生或懸垂不一，下垂者常見尾部反轉向上。

二裂唇莪白蘭 *Oberonia caulescens*

屬　　性｜附生蘭。

海拔高度｜ 1,100 公尺至 2,600 公尺。

賞 花 期｜ 5 月至 10 月。

分布區域｜台灣全島中海拔山區，附生於霧林帶內的原始林或次生林樹幹上，需空氣潮濕的生育環境。

外部特徵｜葉基具關節，花序自頂部抽出，一株一花序，花數多，不轉位，黃綠色，唇瓣三裂，側裂片不明顯，僅微凸，中裂片於先端再深裂。

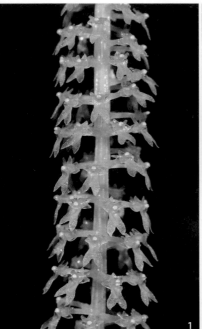

1　花不轉位，唇瓣三裂，側裂片不明顯，僅微凸，中裂片於先端再深裂。

2　葉基具關節。

3~4　花序自頂部抽出，一株一花序，花數多。

莪白蘭屬 *OBERONIA*

大莪白蘭 *Oberonia costeriana*

同物異名｜ *Oberonia gigantea*

屬　　性｜ 附生蘭，常附生於樹冠層高處。

海拔高度｜ 300 公尺至 1,800 公尺。

賞 花 期｜ 11 月至次年 1 月。

分布區域｜ 台灣東部、中部、南部原始林內，多數分布於東北季風盛行區域內或河流兩旁的樹幹上，海拔較低。少數分布於中南部的霧林帶內，生於迎風坡的樹幹上，海拔較高，可見是不耐旱的物種。

外部特徵｜ 葉扁平二裂互生，葉基部具關節，花序頂生，花紅色，不轉位，唇瓣三裂，側裂片鋸齒緣，中裂片先端二深裂。

1　常附生於樹冠層高處。
2　葉扁平二裂互生，葉基部具關節，花序頂生。
3　花紅色，不轉位，唇瓣三裂，側裂片鋸齒緣，中裂片先端二深裂。

莪白蘭屬 *OBERONIA*

台灣莪白蘭 *Oberonia formosana*

同物異名｜ 阿里山莪白蘭 *Oberonia arisanensis*；細葉莪白蘭 *Oberonia falcata*；高士佛莪白蘭 *Oberonia kusukusensis*。

屬　　性｜ 附生蘭，特有種。

海拔高度｜ 10 公尺至 1,800 公尺

賞 花 期｜ 2 月至 6 月，11 月至 12 月。

分布區域｜ 台灣全島低至中海拔原始林或次生林樹幹上，需空氣含水量較豐

的環境。宿主不分物種，在空氣濕潤且穩定的環境，甚至連電線上也曾看過台灣莪白蘭的蹤跡。

外部特徵｜ 葉綠色扁平二列互生，基部無關節，多年生植株常具分枝，花序頂生不分枝，花紅色細小花數多，疏生至密生。唇瓣三裂，中裂片先端再二裂，二裂深淺不一。原有的高士佛莪白蘭、

1　花序密生為合併前之高士佛莪白蘭。
2　中裂片二裂較淺之個體。
3　花序疏生為合併前之阿里山莪白蘭。
4　花紅色甚小，唇瓣三裂，中裂片先端再二裂，二裂深淺不一。
5　葉扁平二裂互生，葉基部無關節，多年生植株常具分枝。
6　葉綠色扁平互生，基部無關節，花序頂生不分枝。

阿里山莪白蘭、細葉莪白蘭均已併入本種。阿里山莪白蘭與高士佛莪白蘭最大的特徵，是阿里山莪白蘭花序的花朵較稀疏，而高士佛莪白蘭花序的花朵密生，確實原生地有甚多花序花朵稀疏的植株，但從稀疏至密集又具有中間型，讓人無法判斷到底是那一種。還有同一花序中段花序密生而兩端花序花又疏生，亦是令人困擾的問題。又，台灣莪白蘭是以中裂片形狀及莖的分叉點來分，中裂片形狀同樣具中間型及模稜兩可的問題，至於莖的分叉點問題，據我長期的觀察，年代久遠的莖易在莖的中段有分叉，會被鑑定為台灣莪白蘭，但莖易受氣候變化而枯死，但基部仍能存活，一旦環境許可，又能從基部萌發新植株，又會被鑑定為阿里山莪白蘭，因此萌發新芽的位置似乎又是一個不能確定的特徵。至於細葉莪白蘭，葉片的寬窄通常會受環境的影響而變化。所以幾個種的合併是很合理的事。

莪白蘭屬 *OBERONIA*

綠花台灣莪白蘭 *Oberonia formosana f. viridiflora*

屬　　性｜附生蘭，特有變型種。
海拔高度｜1,500 公尺至 1,600 公尺。
賞 花 期｜4 月至 5 月。
分布區域｜目前僅知分布於新竹尖石中海拔山區，位於霧林帶的原始林內。

外部特徵｜葉扁平二裂互生，葉基部無關節，花序頂生，花綠色甚小，不轉位。唇瓣三裂，中裂片先端再二裂。除花色為綠色外，其他特徵與台灣莪白蘭並無不同，可當種內變異來看。

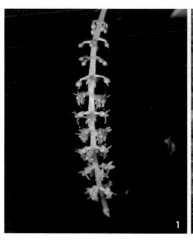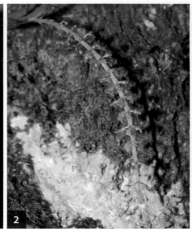

1　花綠色甚小，不轉位，唇瓣三裂，中裂片先端再二裂。
2　台灣莪白蘭綠色花。
3　葉扁平二裂互生，葉基部無關節，花序頂生。

莪白蘭屬 *OBERONIA*

小騎士蘭 *Oberonia insularis*

屬　　性｜ 附生蘭。

海拔高度｜ 500 公尺至 1,600 公尺。

賞 花 期｜ 5 月至 7 月。

分布區域｜ 台中、南投及花蓮山區，生育地為大河流河谷或河谷上方原始林的樹幹或樹枝上，常大面積附生。

外部特徵｜ 具發達的匍匐根莖，直立莖在根莖莖節處萌蘖，直立莖甚短，具三至五枚三角形綠色肥厚葉片。花序自頂端抽出，一個花序數十朵花，花黃綠色，不轉位，甚小，花萼及側瓣均反折。唇瓣無三裂，僅先端二裂生成凸出的小尾尖。花自先端開始開放，依續向基部展開。

1　花自先端開始開放，依續向基部展開。
2　花不轉位，甚小，花萼及側瓣均反折，唇瓣無三裂，僅先端二裂生成凸出的小尾尖。
3　具發達之匍匐根莖，直立莖在根莖莖節處萌蘖，直立莖甚短，具三至五枚三角形綠色肥厚葉片。
4　花序自頂端抽出，一個花序數十朵花，花黃綠色。

莪白蘭屬 *OBERONIA*

圓唇莪白蘭 *Oberonia linguae*

屬　　性 | 特有種。

海拔高度 | 約 1,600 公尺。

賞 花 期 | 3 月至 6 月。

分布區域 | 目前僅知分布於杉林溪山區。

外部特徵 | 外形與台灣莪白蘭相同，僅唇瓣中裂片不裂，台灣莪白蘭中裂片先端二裂。

本種模式標本是魏武錫先生撿自杉林溪山區掉落的植株，携回海拔三百多公尺的平地種植，開花後唇瓣中裂片未裂而發現的新種。

依我的了解，蘭花移地種植後常會有變異，本種到底是原本唇瓣中裂片未裂還是移地種植後產生的變異，為了追尋答案，我曾至撿拾標本植株的原生地找尋，但所見皆是台灣莪白蘭。過二年，原生地的植株竟全遭採走，所以這個任務失敗告終。其實我另有一個計畫，就是想自圓唇莪白蘭原生地附近山區撿拾掉落的台灣莪白蘭植株至平地種植，然後觀察其花是否亦是唇瓣中裂片不裂，但多次上山都未遇到掉落的植株，甚至其他山區也未見到掉落的植株，此計劃還在進行中，希望有一天能順利執行。又，平日在山中所見台灣莪白蘭，偶可見唇瓣中裂片不裂的花，但非整個花序，而是一個花序中有少數花如此，可見台灣莪白蘭本身就有隱性唇瓣中裂片不裂的基因，遇環境變異至適當環境，隱性特徵可能就會變成顯性。

1 唇瓣中裂片二裂不明顯的台灣莪白蘭。

裂瓣莪白蘭 *Oberonia rosea*

同物異名 | *Oberonia microphylla*。
屬　　性 | 附生蘭。
海拔高度 | 400 公尺至 600 公尺。
賞 花 期 | 11 月至次年 5 月。
分布區域 | 目前僅知分布於恆春半島原始林中高位附生，當地一年四季空氣含水量十分豐富，冬季不十分寒冷的環境。

外部特徵 | 葉扁平二列互生，葉基部不具關節。花序自莖頂抽出，花自花序先端先展開，依續向基部開放，一個花序前後能維持甚久，往往先端果實已將成熟，基部的花還在盛開。花橙紅色，不轉位，側瓣具鋸齒緣，唇瓣三裂，側裂片半圓形邊緣具鋸齒緣，中裂片先端截形或微凹，亦具鋸齒緣。

1　花橙紅色，不轉位，側瓣具鋸齒緣，唇瓣三裂，側裂片半圓形邊緣具鋸齒緣，中裂片先端截形或微凹，亦具鋸齒緣。
2　花自花序先端先展開，依續向基部開放。
3　果莢。
4　葉扁平二列互生，葉基部不具關節，花序自莖頂抽出，先端果實已將成熟，基部的花還在盛開。

齒唇莪白蘭 *Oberonia segawae*

屬　　性｜附生蘭。

海拔高度｜1,100 公尺至 1,500 公尺。

賞 花 期｜7 月至 8 月。

分布區域｜南投縣及嘉義縣中海拔霧林帶原始林中，附生於通風良好且空氣富含水氣的樹幹或樹枝上。

外部特徵｜葉扁平二列互生，葉基部具關節。花序自莖頂抽出，花自花序先端先展開，依續向基部開放，花約幾十朵至近百朵。花綠色，不轉位，花色隨著開花日期漸次轉淡，萼片三角形常反折，唇瓣寬大無三裂，邊緣具不規則細鋸齒，先端微二裂成二尖狀。

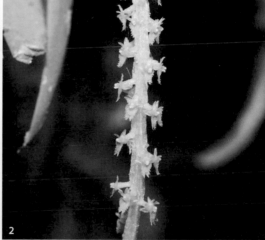

1　花序自莖頂抽出，花自花序先端先展開，依續向基部開放，花約幾十朵至近百朵。

2　萼片三角形常反折，唇瓣無三裂，邊緣具不規則細鋸齒，先端二裂成二尖狀。

3　葉扁平二列互生，葉基部具關節。

密花小騎士蘭 *Oberonia seidenfadenii*

同物異名 | *Hippeophyllum seidenfadenii*。
屬　　性 | 附生蘭。
海拔高度 | 600 公尺至 1,300 公尺。
賞 花 期 | 8 月至 10 月。
分布區域 | 南部及東部山區，生於河流兩側的老樹上，甚或懸垂在河水上方的樹幹上，亦可生育在風衝稜線上的樹幹上，空氣含水量十分重要。
外部特徵 | 具發達的匍匐根莖，直立莖在根莖莖節處萌蘗，直立莖甚短，具三至五枚三角形綠色肥厚葉片。花序自直立莖頂端抽出，一個花序數十朵花，花柄極短或無花柄，花朵貼生於花軸上，花序軸中段較粗，頭尾兩端較細不著花，花朵由偏尾端開始開展，漸次往基部展開，花不轉位，花萼及側瓣向後反折，唇瓣先端二裂。

1

4

1　一個花序數十朵花，花柄極短或無花柄，花朵貼生於花軸上，花軸中段較粗，頭尾兩端較細不著花。

2~3　花朵由偏尾端開始開展，漸次往基部展開，花不轉位，花萼及側瓣向後反折，唇瓣先端二裂。

4　具發達之匍匐根莖，直立莖在根莖莖節處萌蘗，直立莖甚短，具三至五枚三角形綠色肥厚葉片，花序自直立莖頂端抽出。

擬台灣鳳蝶蘭 *Papilionanthe pseudotaiwaniana*

屬　　性｜附生蘭，特有種。

海拔高度｜300 公尺以下。

賞 花 期｜5 月至 6 月。

分布區域｜目前僅知分布於恆春半島東側。

外部特徵｜莖斜生或懸垂再上揚，多莖節。針狀葉由莖節下緣長出，植物體與金釵蘭屬植株相似。花序由莖節稍上方抽出，每一花序一至三朵花，花萼及側瓣白色，唇瓣表面具暗紅及黃綠縱向條紋交互排列。唇瓣尾端呈人字形分裂，裂片窄及銳尖。

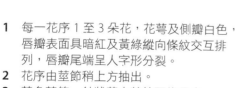

1　每一花序 1 至 3 朵花，花萼及側瓣白色，唇瓣表面具暗紅及黃綠縱向條紋交互排列，唇瓣尾端呈人字形分裂。

2　花序由莖節稍上方抽出。

3　莖多莖節，針狀葉由莖節下緣長出。

4　莖斜生或懸垂再上揚。

台灣蝴蝶蘭 *Phalaenopsis aphrodite ssp. formosana*

屬　　性｜ 特有亞種。附生蘭。

海拔高度｜ 500 公尺以下。

賞 花 期｜ 1 月至 4 月，以 3 月份最佳。

分布區域｜ 屏東旭海沿太平洋沿岸五公里內至台東大武，蘭嶼亦有分布。附生於溪流兩岸的大樹上，附生不分樹種，常見附生在樟科、殼斗科、欖仁舅、榕樹上。

外部特徵｜ 莖甚短，葉肥厚密集互生，長橢圓形。花序自基部抽出，單株可抽多個花序，斜上生長。花梗常有分枝，可宿存次年繼續開花，花自後端起往先端漸次開放，花萼、側瓣及蕊柱均為純白色，唇瓣三裂，中裂片三角形先端具一對卷鬚，側裂片與唇瓣中軸十字交接處具一黃色被橙斑的肉突，側裂片及唇瓣基部被紅紋，側瓣與上萼片通常分離不重疊或只有少部分重疊。

1　花萼、側瓣及蕊柱均為純白色，唇瓣三裂，中裂片三角形先端具一對卷鬚，側裂片與唇瓣中軸十字交接處具一黃色被橙斑之肉突，側裂片及唇瓣基部被紅紋，側瓣與上萼片通常分離不重疊或只有少部分重疊。

2　花梗常有分枝，可宿存且次年繼續開花，花自後端起往先端漸次開放。

3　莖甚短，葉肥厚密集互生，長橢圓形，花序自基部抽出，單株可抽多個花序，斜上生長。

4　訪花者。

蝴蝶蘭屬 *PHALAENOPSIS*

桃紅蝴蝶蘭 *Phalaenopsis equestris*

同物異名｜ 姬蝴蝶蘭。

屬　　性｜ 附生蘭。

海拔高度｜ 約 100 公尺。

賞 花 期｜ 6 月至 9 月。

分布區域｜ 目前僅知分布地在小蘭嶼，附生在蘭嶼羅漢松樹幹上，而且整個小蘭嶼僅發現一棵蘭嶼羅漢松樹上有桃紅蝴蝶蘭。

外部特徵｜ 根系粗壯發達，牢牢附著於宿主，莖甚短。葉肥厚密集互生，長橢圓形。花序自莖基部側邊抽出，斜上生長，花梗偶有分枝，但不常見，花自後端起往先端漸次開放，花期可長達兩個月。萼片、側瓣及蕊柱白色被紫暈，唇瓣三裂，黃色至黃褐色，中裂片略呈菱形，先端漸紫，尾端無卷鬚，側裂片

與唇瓣中軸十字交接處具一黃色被橙斑的肉突。

桃紅蝴蝶蘭主要分布於菲律賓，但菲律賓所產與小蘭嶼所產略有差異，菲律賓種花的顏色較淡。

2008 年，洪信介先生首先在一次小蘭嶼的調查中發現一棵蘭嶼羅漢松樹上長了數棵桃紅蝴蝶蘭，找遍了整個小蘭嶼並無其他植株存在。次年 2009 年我即計畫前往拍照，但在 2009 年 8 月 8 日發生了蘭嶼有史以來最大的莫拉克颱風，蘭嶼受災慘重，估計桃紅蝴蝶蘭也不樂觀。但因行程已定，只好於 8 月 17 日依計畫前往蘭嶼，於 8 月 19 日登上小蘭嶼找到了桃紅蝴蝶蘭的植株，雖然花序仍然存在，但桃紅蝴蝶蘭的所有花朵均已掉落，也有部分葉片已枯黃，重新萌發的花苞仍然很小，所以未能拍到開花的照片。2011 年 8 月 15 日，我再度踏上小蘭嶼的土地，順利拍到了桃紅蝴蝶蘭的生態照片。能拍到桃紅蝴蝶蘭的照片要感謝從旁協助的所有人，尤其是協助最大的洪信介先生及徐嘉君博士兩人。

5

1　花自後端起往先端漸次開放。
2　萼片、側瓣及蕊柱白色被紫暈，唇瓣三裂，黃色至黃褐色，中裂片略呈菱形，先端漸紫，尾端無卷鬚，側裂片與唇瓣中軸十字交接處具一黃色被橙斑之肉突。
3　花梗偶有分枝，但不常見。
4　花序自莖基部側邊抽出，斜上生長。
5　根系粗壯發達，牢牢附著於宿主，莖甚短，葉肥厚密集互生，長橢圓形。

石山桃屬 *PHOLIDOTA* ／貝母蘭屬 *COELOGYNE*

烏來石山桃 *Pholidota cantonensis*

同物異名｜ *Pholidota uraiensis*；
Coelogyne cantonensis。

屬　　性｜ 附生蘭，附生於樹幹上，高位附生及低位附生均有，亦有相當數量附生於岩壁上。

海拔高度｜ 200 公尺至 1,600 公尺。

賞 花 期｜ 1 月至 3 月。

分布區域｜ 分布於北部及東部，生育地是東北季風能到達的區域，常大片附生，喜通風良好的環境。

外部特徵｜ 根莖匍匐，密被鞘狀鱗片。假球莖自匍匐莖節處抽出，一假球莖具二片先出葉包覆，先出葉早枯，假球莖卵形，表面具光澤，通常具縱稜或皺摺。頂生二片葉，葉綠色線形。花序頂生，先開花，後長葉，花序亦密被鞘狀鱗片，花二列互生，約十餘朵，萼片及側瓣白色，唇瓣黃色。

1 花二列互生，約十餘朵，萼片及側瓣白色，唇瓣黃色。

2 根莖匍匐，密被鞘狀鱗片，假球莖自匍匐莖節處抽出。

3 一假球莖具二片先出葉包覆，先出葉早枯，假球莖卵形，表面具光澤，通常具縱稜或皺摺，頂生二片葉，葉綠色線形。

4 花序頂生，先開花，後長葉，花序亦密被鞘狀鱗片。

芙樂蘭屬 *PHREATIA*

垂莖芙樂蘭 *Phreatia caulescens*

屬　　性｜附生蘭，中高位附生。

海拔高度｜1,300 公尺至 1,500 公尺。

賞 花 期｜7 月至 8 月，9 月初偶可見尾花。

分布區域｜台東及屏東界山兩側，附生於原始林中的樹幹上，闊、針葉樹上均有，但以闊葉樹為主、生長在霧林帶水氣充足的環境，常與苔蘚混生。

外部特徵｜莖叢生細長，直立或下垂，下垂者尾端仍會往上抬頭。葉線形，互生於莖的兩側。花序自葉腋抽出，一莖可同時抽一至三個花序，一個花序花約 30 朵花左右。花疏生，花序梗、子房及萼片均不被毛，花白色甚小，不轉位，花自花序基部往先端漸次開放。

1　花疏生白色甚小，不轉位，花自花序基部往先端漸次開放。
2　花莖、子房及萼片均不被毛。
3　花序自葉腋抽出，一莖可同時抽一至三個花序，一個花序花約 30 朵花左右。
4　莖叢生細長，直立或下垂，下垂者尾端仍會往上抬頭。葉線形，互生於莖的兩側。

蓬萊芙樂蘭 *Phreatia formosana*

芙樂蘭屬 *PHREATIA*

同物異名 | 寶島芙樂蘭。

屬　　性 | 附生蘭，附生於樹幹上或岩石上。

海拔高度 | 300 公尺至 1,600 公尺。

賞 花 期 | 7 月至 8 月。

分布區域 | 台灣東部、南部、中部及蘭嶼，生長在水氣充足的環境，東部及蘭嶼海拔較低、中部及南部海拔較高，這和東北季風及雲霧帶的水氣影響有關，常與苔蘚混生，亦有與黃萼捲瓣蘭混生的情形。

外部特徵 | 植株叢生或散生，莖短，不明顯。五至十枚葉片從基部生出，葉線形，先端微凹，二列互生，展開成同一平面。花序從葉腋抽出，單株一花序，花密生多數，呈撢狀或瓶刷狀，從基部開始至尾端漸次開放，花序梗、子房及萼片均不被毛，花白色甚小，不轉位。

1　花莖、子房及萼片均不被毛，花白色甚小，不轉位。
2　花密生多數，呈撢狀或瓶刷狀，從基部開始至尾端漸次開放。
3　五至十枚葉片從基部生出，葉線形，先端微凹，二列互生，展開成同一平面。
4　植株叢生或散生，莖短，不明顯。
5　花序從葉腋間抽出，單株一花序。

芙樂蘭屬 *PHREATIA*

大芙樂蘭 *Phreatia morii*

屬　　性｜ 特有種，附生蘭，中高位附生。

海拔高度｜ 500 公尺至 1,500 公尺。

賞 花 期｜ 4 月至 8 月。

分布區域｜ 分布於新北、宜蘭、花蓮、台東等地低海拔東北季風盛行區，以及雲、嘉、投等地中海拔雲霧帶，附生於大樹的高位樹幹上，常與蕨類混生，亦有與紫紋捲瓣蘭混生的情形。

外部特徵｜ 假球莖近距離內聚生，蒜球狀。葉二至三枚，長橢圓形，生於假球莖頂端，葉尖左右微不等長。花序自假球莖基部抽出，花由花序基部往先端漸次開放，數十朵，白色，不轉位，唇瓣基部具囊袋。

1　花由花序基部往先端漸次開放，數十朵，白色，不轉位。
2　唇瓣基部具囊袋。
3　假球莖近距離內聚生，蒜球狀，葉二至三枚，長橢圓形，生於假球莖頂。
4　花序自假球莖基部抽出。

芙樂蘭屬 *PHREATIA*

白芙樂蘭 *Phreatia taiwaniana*

同物異名┃ 台灣芙樂蘭。

屬　　性┃ 特有種，附生蘭，高位附生。

海拔高度┃ 300 公尺至 1,500 公尺。

賞 花 期┃ 3 月至 8 月，以 4 月最佳。

分布區域┃ 分布環境以東北季風吹拂範圍及霧林帶為主，花蓮、台東、屏東及新北境內較多，雲、嘉、投則有少量分布，成群附生在高大闊葉林樹幹上或樹梢的小枝條上，常與苔蘚混生，亦有與小豆蘭混生的情形。

外部特徵┃ 根莖匍匐生於樹幹上，假球莖自莖節生出，假球莖橫向扁平。葉一或二枚自莖頂生出，葉線形先端微凹，葉背中肋尾端明顯凸出一小段。花序自假球莖基部抽出，花白色，可達 20 餘朵，不轉位。

1 花序自假球莖基部抽出，花白色，可達 20 餘朵，不轉位。
2 根莖匍匐生於樹幹上，假球莖自莖節生出，假球莖橫向扁平，葉一或二枚自莖頂生出，葉線形先端微凹。
3 葉背中肋尾端明顯凸出一小段。
4 常與苔蘚混生，亦有與小豆蘭混生的情形。

蘋蘭屬／小精靈蘭屬 *PINALIA*

小腳筒 *Pinalia amica*

同物異名｜ *Eria amica*。
屬　　性｜ 附生蘭。
海拔高度｜ 800 公尺至 2,000 公尺。
賞 花 期｜ 2 月至 5 月。
分布區域｜ 中央山脈以西中低海拔原始闊葉林中，以中部最多，可適應乾濕季分明的氣候，喜空氣富含水氣、溫暖且流通性良好的環境，因此中部霧林帶是其分布最多的區域。附生不分樹種，但以栓皮櫟的大樹最為常見，北部亦有，但空氣較冷涼，所以族群較小且分布海拔較低。

外部特徵｜ 假球莖密集叢生，綠色，短圓柱形，不分枝，兩端較小中間膨大，具莖節，幼株莖節具鞘狀先出葉，次年先出葉萎凋，假球莖表面具白色縱向條紋。葉二至三枚，由假球莖頂端生出。花序由葉下方的莖節或莖側抽出，通常一球一序，少數一球二序，一花序花數朵，萼片及側瓣淺黃綠色，具約五條縱向紅色條紋，唇瓣基部具三條稜脊，稜脊及側裂片紅色，中裂片黃色。

1　萼片及側瓣淺黃綠色，具約五條縱向紅色條紋，唇瓣基部具三條稜脊，稜脊及側裂片紅色，中裂片黃色。
2　葉二至三枚，由假球莖頂端生出，花莖由葉下方之莖節或莖側抽出，通常一球一序，一花序花數朵。
3　幼株莖節具鞘狀先出葉，次年先出葉萎凋，假球莖表面具白色縱向條紋。
4　假球莖密集叢生，綠色，短圓柱形，不分枝，兩端較小中間膨大，具莖節。
5　果莢。

蘋蘭屬／小精靈蘭屬 *PINALIA*

赤色毛花蘭 *Pinalia formosana*

同物異名｜ 樹絨蘭；*Eria formosana*；
Eria tomentosiflora。

屬　　性｜ 附生蘭，中高位附生。

海拔高度｜ 200 公尺至 1,500 公尺。

賞 花 期｜ 3 月至 5 月。

分布區域｜ 北部、東部、南部低海拔山區，生於乾濕季不明顯的區域，喜溫暖潮濕的環境，中南部罕見其蹤跡。因無法適應酷寒的天氣，北部海拔較高的區域易受寒害，幾無其蹤影。在北部常與大腳筒混生，生長於大腳筒的下方，東部則較少見混生情況。

外部特徵｜ 假球莖長圓柱狀，多分枝，可無限生長，所以常見龐大群體。葉生於假球莖側近頂部，兩列互生，約三至六枚葉片。花序由假球莖近頂部側邊抽出，每莖可抽數個花序，單一花序花數可達數十朵，花黃綠色帶紅褐色暈，萼片及側瓣內面均具數條縱向線狀條紋，花序軸、萼片外側、子房密被細毛。通常開花都集中在一個短時間內，因此一個群體，花多者可達數千朵，十分壯觀，可惜單朵花壽不長，因此無法時常看到如此壯觀的場面。

1　花序由假球莖近頂部側邊抽出，每莖可抽數個花序，單一花序花數可達數十朵。
2　花黃綠色帶紅褐色暈，萼片及側瓣內面均具數條縱向線狀條紋，花序軸、萼片外側、子房密被細毛。
3　通常開花都集中在一個短時間內，因此一個群體，花多者可達數千朵，十分壯觀。
4　假球莖長圓柱狀，多分枝，可無限生長。葉生於假球莖側近頂部，兩列互生，約三至六枚葉片。

高山絨蘭 *Pinalia japonica*

同物異名｜ *Eria japonica*；連珠絨蘭。

屬　　性｜附生蘭。

海拔高度｜ 1,500 公尺至 2,500 公尺。

賞 花 期｜ 6 月至 7 月。

分布區域｜台灣全島中海拔山區霧林帶內的原始林內，附生於通風良好高大的樹幹上，乾季時主要是靠霧林帶水氣維持其生態。

外部特徵｜假球莖呈緊密排列，或帶狀或不規則狀，橢圓柱形，外表酷似花生種子，故花友暱稱其為土豆（花生的俗稱）。一年生的假球莖具數枚鞘狀先出葉，次年先出葉萎凋，假球莖表面具白色縱向條紋。葉二枚或三枚生於假球莖頂。花序自假球莖頂抽出，一假球莖一花序，一花序花約一至四朵，萼片及側瓣白色，唇瓣黃色。

1 萼片及側瓣白色，唇瓣黃色，右側花底部有訪花者，不確定是否蟲媒。

2 一年生之假球莖具數枚鞘狀先出葉，次年先出葉萎凋，假球莖表面具白色縱向條紋。

3 假球莖呈緊密排列，或帶狀或不規則狀，橢圓柱形，外表酷似花生種子，故花友暱稱其為土豆。

4 花序自假球莖頂抽出，一假球莖一花序。

5 葉二枚或三枚生於假球莖頂。

蘋蘭屬／小精靈蘭屬 *PINALIA*

大腳筒 *Pinalia ovata*

同物異名┃ *Eria ovata*。

屬　　性┃ 附生蘭。

海拔高度┃ 200 公尺至 1,000 公尺。

賞 花 期┃ 7 月至 8 月。

分布區域┃ 台灣全島低海拔地區，生育地為溫暖空氣富含水氣的環境，比較不適應乾濕分明的氣候，常附生在大樹的樹幹上，屬中低位附生，常因大片附生而將宿主的樹幹壓斷掉落地面，因其需求光線不是很高，掉落地面後，能繼續生長的機率仍然很高。

外部特徵┃ 具肥大粗壯的假球莖，假球莖密生，圓柱狀。葉肉質，約四至五片生於近假球莖頂的莖節。花序自假球莖近頂部側邊抽出，一假球莖可抽一至四個花序，一個花序花數十朵密生，白色或淡黃色，唇瓣紫色。

1 花白色或淡黃色，唇瓣紫色。
2 花序自假球莖近頂部側邊抽出。
3 具肥大粗壯之假球莖，假球莖密生，圓柱狀，葉肉質，約四至五片生於近假球莖頂之莖節。
4 一個花序花數十朵密生。

短距粉蝶蘭 *Platanthera brevicalcarata*

屬　　性｜ 地生蘭或附生蘭，有相當數量附生於針葉樹冠層高處。

海拔高度｜ 1,500 公尺至 3,500 公尺。

賞 花 期｜ 6 月至 8 月。

分布區域｜ 台灣全島各地中高海拔霧林帶林緣或步道邊，或針葉樹冠層高處，常生長在短箭竹林中，樹冠層則附生在主幹或支幹具苔蘚層的表面。

外部特徵｜ 葉冬枯，主要葉片一或二枚，綠色，中肋通常具一較淡的縱向帶狀紋路。花序自莖頂抽出，花軸具數枚小葉狀苞片，依續自基部至頂部由大漸小，花白色，數朵至十餘朵，朝向光線較強方向一側開展，萼片中肋內側具縱向綠暈，唇瓣反折，蕊柱上方具一鏟狀附屬物，距長橢圓球形，微向前彎，前半段白色，後半段半透明狀。

短距粉蝶蘭一般人大都認為是地生蘭而已。2016 年 6 月 15 日，我同多名友人爬南湖大山，在木杆鞍部看到一棵大倒木，上面附生許多蘭科小苗，有很多已有小花苞，初步認定是短距粉蝶蘭，但我當時認知短距粉蝶蘭只是地生蘭，因此也無法確定，因此決定開花後再來做觀察。同年 7 月 19 日，我再度和友人前往木杆鞍部，大倒木上附生的蘭花已經盛開，果然是短距粉蝶蘭，再用望遠鏡觀察附近的大樹，上面也密密麻麻的生了許多短距粉蝶蘭。又，據研究樹冠層生態學者徐嘉君博士的觀察，棲蘭神木群的大樹上也有很多短距粉蝶蘭，因此短距粉蝶蘭毫無疑問在附生的情況下能生長得很好，也有很大的族群。

1 花軸具數枚小葉狀苞片，依續自基部至頂部由大漸小，花數朵至十餘朵，朝向光線較強方向一側開展。

2 花白色，萼片內側中肋具縱向綠暈，唇瓣反折。

3 蕊柱上方具一鏟狀附屬物，距長橢圓球形，微向前彎，前半段白色，後半段半透明狀。

一葉蘭屬 PLEIONE

台灣一葉蘭 *Pleione formosana*

屬　　性｜附生蘭。

海拔高度｜700 公尺至 2,600 公尺。

賞 花 期｜3 月至 5 月。

分布區域｜台灣全島中海拔區域，常附生於樹幹的高位，亦有相當數量附生於岩壁上，附生於岩壁上有時候可見一大片族群，數量可能達到數萬棵之多，有時亦可見其生長於林下泥土上。在宜蘭及花蓮迎東北季風坡面，可見大片族群生長在苔蘚上，喜涼爽且濕潤的環境。

外部特徵｜葉冬枯，假球莖圓錐狀，紫色或偶可見綠色，成熟株假球莖於春季生出一葉及一花序，此即其名稱由來。葉長橢圓形，兩端漸尖，基出平行脈，具波浪緣。花序由假球莖頂端抽出，花通常一朵，甚大，紫色假球莖開紫色花，綠色假球莖則開白色花，白色花較罕見。

1　花序由假球莖頂端抽出，花通常一朵。

2　成熟株假球莖於春季生出單葉及一花序，單葉即其名稱由來。

3　白色花較罕見。

4　附生於岩壁上有時可見大片之族群，數量可能達到數萬棵之多。

5　常附生於樹幹之高位。

黃繡球蘭 *Pomatocalpa acuminatum*

同物異名｜ *Pomatocalpa undulatum*。

屬　　性｜ 特有種，附生蘭。

海拔高度｜ 800 公尺以下。

賞 花 期｜ 2 月至 4 月。

分布區域｜ 台灣西部低海拔山區，由北到南零星分布，喜溫暖空氣富含水氣的環境，因此生長區域大都在河流兩旁或是迎風坡面的樹上，以河流兩旁較多，只要光線夠，在樹幹低位也可以發現其蹤跡。

外部特徵｜ 莖短，葉兩列互生，葉綠色革質，線狀長橢圓形，中間一縱向主脈，未開花時的主要特徵是葉尖左右不對稱，主脈左右的葉長度不一，葉基具關節。花序由葉腋抽出，甚短，可同時抽出數個花序，我曾記錄到一莖抽九個花序的盛況，花黃色，密生成球形，狀似繡球，是其名稱的由來。單朵花不大，萼片及側瓣被紅褐色橫向條狀斑紋，唇瓣基部黃色成囊狀，先端白色三角形狀。

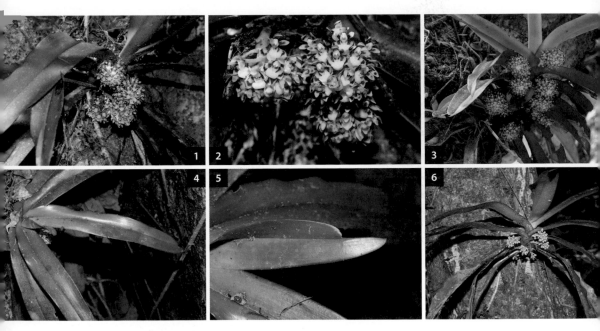

1　花黃色，密生成圓球狀，狀似繡球，是其名稱的由來。

2　單朵花不大，萼片及側瓣被紅褐色橫向條狀斑紋，唇瓣基部黃色成囊狀，先端白色三角形狀。

3　花莖可同時抽出數個花序，圖為一莖抽九個花序的盛況。

4　莖短，葉兩列互生，葉綠色革質，線狀長橢圓形，中間一縱向主脈。

5　未開花時主要特徵是葉尖左右不對稱，主脈左右之葉長度不一。

6　葉基具關節。

台灣擬囊唇蘭 *Saccolabiopsis viridiflora*

同物異名｜ 假囊唇蘭；
Saccolabiopsis taiwaniana。
屬　　性｜ 附生蘭。
海拔高度｜ 650 公尺以下。
賞 花 期｜ 3 月至 5 月。
分布區域｜ 目前僅知分布於恆春半島及宜蘭縣的低海拔溪谷旁。前者為海拔約 600 公尺的山坡地，經常籠罩在雲霧中，空氣濕度大，後者在有水流的溪谷，空氣濕度亦大，因此空氣濕度大是其必要的生存條件。前者附生在廣東瓊楠的小枝條上，後者附生在三葉山香圓的小枝條上，因生育地不同，附生的宿主亦不同。

外部特徵｜ 植株外表類似香蘭，因此有假香蘭的暱稱。葉狹長鐮刀形，尾端微二裂，裂口兩邊不等長，中肋表面凹陷背面凸起。花序由莖側抽出，花序軸膨大，具縱稜，單株可抽一或二個花序，一花序花約 10 朵至 20 餘朵，花淡綠色，唇瓣卵形，全緣，基部有凹陷略成囊狀。

1　一花序花約 10 朵至 20 餘朵，花淡綠色，唇瓣卵形，全緣，基部有凹陷略成囊狀。
2　花序由莖側抽出，花序軸膨大，具縱稜，單株可抽一或二個花序。
3　葉狹長鐮刀形，尾端微二裂，裂口兩邊不等長，中肋表面凹陷背面凸起。

羞花蘭 *Schoenorchis vanoverberghii*

屬　　性丨 附生蘭。

海拔高度丨 500 公尺至 1,100 公尺。

賞花期丨 3 月至 4 月。

分布區域丨 恆春半島東側沿太平洋東岸北上，接花東海岸山脈東側至宜蘭大同鄉山區，生育環境為空氣富含水氣的迎風坡面樹林中，亦有生於大河谷兩旁或大河谷中的高灘地，屬中高位附生。

外部特徵丨 葉厚革質，基部具關節，線形二列互生。花序自葉腋抽出，單株可抽數個花序，花序多分枝，單個花序可有數十朵花，整個花序均不被毛，花序軸具縱稜，花白色細小，不轉位。

1　花白色細小，不轉位。

2　花序自葉腋抽出，單株可抽數個花序，花序多分枝，單個花序可有數十朵花。

3　整個花序均不被毛，花序軸具縱稜。

4　葉厚革質，基部具關節，線形二列互生。

小蜘蛛蘭 *Taeniophyllum aphyllum*

同物異名｜ 蜘蛛蘭。

屬　　性｜ 附生蘭。

海拔高度｜ 300 公尺至 2,000 公尺。

賞 花 期｜ 6 月至 8 月。

分布區域｜ 台灣全島低中海拔，附生於樹幹或小枝條上，喜空氣濕潤的環境，常見附生於迎風坡樹幹上，亦常見附生於柳杉樹冠層頂的細枝或葉片上。

外部特徵｜ 莖極短，葉退化，根綠色或灰綠色，圓柱狀或扁平狀，向四方輻射狀伸出，主要以根行光合作用。花序自莖點抽出，一次可抽一至三個花序，花序表面無細小乳突，單個花序可開一至四朵花，於短時間內全部開放。花甚小，淡黃綠色，唇瓣較腺蜘蛛長，唇瓣先端具一細長向內的鉤狀物，鉤之內角約為 45 度，呈銳角狀，距扁平三角狀，不甚明顯。

1　花序自莖點抽出，一次可抽一至三個花序，花序表面無細小乳突，單個花序可開一至四朵花，距扁平三角狀，不甚明顯。

2　花甚小，淡黃綠色；唇瓣較腺蜘蛛長，唇瓣先端具一細長向內之鉤狀物，鉤之

內角約為 45 度，呈銳角狀。

3　莖極短，葉退化，根綠色或灰綠色，圓柱狀或扁平狀，向四方輻射狀伸出，主要以根行光合作用。

4　一棵具有三個果序，一個果序最多四個果莢的植株。

假蜘蛛蘭 *Taeniophyllum compactum*

屬　　性｜ 附生蘭。

海拔高度｜ 500 公尺至 1,700 公尺。

賞 花 期｜ 3 月至 7 月。

分布區域｜ 僅零星分布於北部、東部東北季風盛行區和南投及嘉義地區的霧林帶，因為植株極小不易發覺，所以應該還有其它分布地未被發現，喜空氣濕潤的環境。

外部特徵｜ 植株和小蜘蛛蘭相近，根以莖點為中心，輻射狀向四方伸出，不同者在於假蜘蛛蘭通常具有二至四片綠色葉片，還有花軸具兩列十餘片葉狀苞片，花謝後苞片宿存，是與小蜘蛛蘭最容易觀察的不同點。花序由莖點抽出，一次可抽一至七個花序，單一花序約一至二朵花，花甚小，展開度不佳，黃綠色，距圓球狀，唇瓣較小蜘蛛蘭短，同樣於先端具一反折的鉤狀物，但鉤的內角將近 90 度。

1　單一花序約一至二朵花，花甚小，展開度不佳，黃綠色，距圓球狀。

2　通常具有二至四片綠色葉片，還有花軸具兩列十餘片葉狀苞片，花謝後宿存。

3　唇瓣較小蜘蛛蘭短，同樣於先端具一反折之鉤狀物，但鉤的內角將近 90 度。

4　果莢。

5　具體七個花序的植株。

蜘蛛蘭屬 *TAENIOPHYLLUM*

扁蜘蛛蘭 *Taeniophyllum complanatum*

屬　　性丨特有種，附生蘭。

海拔高度丨 600 公尺至 1,600 公尺。

賞 花 期丨 2 月至 8 月。

分布區域丨目前已知分布地區在台中市和平區、雲林縣、嘉義縣、南投縣、屏東縣、台東縣，生長環境是霧林帶，東北季風無法到達，但四季均有涼爽潮濕的空氣，附生於中低位的樹幹上。

外部特徵丨莖極短，葉完全退化，根扁平狀，以莖為中心，向四方輻射狀伸出。花序自莖點抽出，花由基部漸次向尾端開放，一花序多者可達十餘朵花，但同時開放者僅為一或二朵，花序軸及苞片外表密被細小凸起乳突。花淡黃綠色，萼片及側瓣寬度與大扁根蜘蛛蘭相若，先端具一反折的鉤狀物，反折的內角角度約為 60 度銳角。花末期時可見十餘個苞片宿存，可用以區別大扁根蜘蛛蘭宿存苞片僅約三個左右。

1　一花序多者可達十餘朵花，但同時開放者僅為　或二朵。

2　唇瓣先端具一反折之鉤狀物，反折之內角角度約為 60 度之銳角。

3　花序軸及萼片外表密被細小凸起乳突，花淡黃綠色，萼片及側瓣寬度與大扁根蜘蛛蘭相若，唇瓣先端具一反折之鉤狀物。

4　花序自莖點抽出，由基部漸次向尾端開放。

5　莖極短，葉完全退化，根扁平狀，以莖為中心，向四方輻射狀伸出，花序自莖點抽出。

蜘蛛蘭屬 *TAENIOPHYLLUM*

厚蜘蛛蘭 *Taeniophyllum crassipes*

屬　　性｜特有種，附生蘭。

海拔高度｜600 公尺至 900 公尺。

賞 花 期｜2 月至 8 月。

分布區域｜分布於花蓮縣、台東縣以及新竹縣、苗栗縣、南投縣，生育地在大河谷旁山壁的原始林內，是較原始的區域，不容易發覺，因此推斷還有許多生育地未被發現，喜溫暖空氣流通含水量多的環境。

外部特徵｜莖極短，葉完全退化，根部分扁平狀部分圓柱狀，但扁平程度不如大扁根蜘蛛蘭。以莖為中心，向四方輻射狀伸出。花序自莖點抽出，單株通常一年抽一個花序，花序梗宿存，常可見多枝宿存花序梗，一個花序可開約 10 朵花，依序開放，花期甚長，花淡黃綠色，萼片及側瓣及根的寬度均較扁蜘蛛蘭及大扁根蜘蛛蘭為窄，唇瓣先端具一反折的鉤狀物，反折的內角角度約為 45 度銳角，距圓形。

1　花淡黃綠色，萼片及側瓣及根之寬度均較扁蜘蛛蘭及大扁根蜘蛛蘭為窄，唇瓣先端具一反折之鉤狀物，反折之內角角度約為 45 度之銳角。

2　莖極短，葉完全退化，根部分扁平狀部分圓柱狀，但扁平程度不如扁蜘蛛蘭及大扁根蜘蛛蘭，以莖為中心，向四方輻射狀伸出，花序自莖點抽出，單株通常一年抽一個花序。

3　常可見多枝宿存花序梗，一個花序可開約 10 朵花，依序開放，花期甚長。

4　距圓形。

蜘蛛蘭屬 *TANIOPHYLLUM*

腺蜘蛛蘭 *Taeniophyllum glandulosum*

屬　　性｜附生蘭。

海拔高度｜1,200 公尺至 1,400 公尺。

賞 花 期｜3 月至 4 月。

分布區域｜中南部中海拔山區，生於霧林帶樹幹上。

外部特徵｜外表近似小蜘蛛蘭，莖極短。葉退化，根綠色或灰綠色，圓柱狀或扁平狀，向四方輻射狀伸出，是行光合作用的主要部位。花序自莖點抽出，花序表面密被細小乳突，花數朵漸次開放，淡黃綠色。唇瓣較小蜘蛛蘭短，唇瓣先端具一細長向內的鉤狀物，鉤的內角約 90 度，呈直角狀，距橢圓形。腺蜘蛛蘭與小蜘蛛蘭極為相似，但可以「花序表面有無細小乳突」及「唇瓣先端反折物的角度」加以區別。

1　腺蜘蛛蘭花淡黃綠色，唇瓣先端具一細長向內之鉤狀物，鉤之內角約 90 度，呈直角狀。旁有訪花者。

2　花序自莖點抽出，花序表面密被細小乳突，花數朵漸次開放。

3　外表近似小蜘蛛蘭，莖極短，葉退化，根綠色或灰綠色，圓柱狀或扁平狀，向四方輻射狀伸出，是行光合作用主要部位。

4　距橢圓形及果莢。。

蜘蛛蘭屬 *TANIOPHYLLUM*

大扁根蜘蛛蘭 *Taeniophyllum sp.*

相關物種｜ *Taeniophyllum radiatum*。

屬　　性｜ 附生蘭。

海拔高度｜ 200 公尺至 900 公尺。

賞 花 期｜ 7 月至 8 月。

分布區域｜ 生於低海拔河流兩側的樹幹上及北部迎風坡的樹幹上，需空氣富含水氣的環境。

外部特徵｜ 莖極短，葉退化，根綠色或灰綠色，寬大扁平狀，向四方輻射狀伸出，是行光合作用的主要器官。花序自莖點抽出，一次可抽一至五個花序，花序梗表面密被短腺毛，單個花序可開一至三朵花，花淡黃綠色，萼片及側瓣的寬度和扁蜘蛛蘭相若，唇瓣先端具一反折的鉤狀物，反折內角角度約為 45 度銳角。宿存苞片通常約三個。

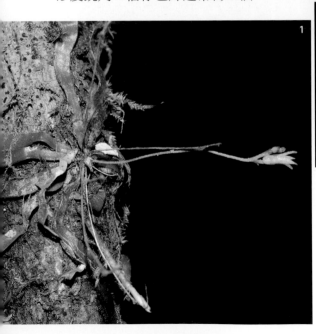

1 莖極短，葉退化，根綠色或灰綠色，寬大扁平狀，向四方輻射狀伸出，是行光合作用之主要器官。

2 花序自莖點抽出，一次可抽一至五個花序。

3 唇瓣先端具一反折之鉤狀物，反折之內角角度約為 45 度之銳角。

4 單個花序可開一至三朵花，花淡黃綠色，萼片及側瓣寬度和扁蜘蛛蘭相若。

閉花八粉蘭 *Thelasis pygmaea*

同物異名｜ 矮柱蘭。

屬　　性｜ 附生蘭。

海拔高度｜ 600 公尺以下。

賞 花 期｜ 4 月至 5 月。

分布區域｜ 花蓮、台東、屏東、高雄等地，附生於低海拔河谷兩旁大樹上，喜空氣潮溼溫暖的環境。

外部特徵｜ 根莖匍匐緊貼宿主而生，假球莖扁圓形叢生。頂生一或二片葉，兩葉不等長，葉長橢圓形。花序梗圓柱狀，自假球莖基部抽出，花聚生於頂端，自底端往上漸次開花，花淡黃色，為閉鎖花，結果率低。

1　花聚生於頂端，自底端往上漸次開花，花淡黃色，為閉鎖花，結果率低。

2　假球莖扁圓形叢生，頂生一或二片葉，兩葉不等長，葉長橢圓形，花莖圓柱狀，自假球莖基部抽出。

3　根莖匍匐緊貼宿主而生。

4　附生於低海拔河谷兩旁大樹上，喜空氣潮溼溫暖之環境。

白毛風蘭 *Thrixspermum annamense*

同物異名｜ 白毛風鈴蘭、鉤唇風鈴蘭。

屬　　性｜ 附生蘭，中高位附生，曾見附生於江某、山黃梔、九芎、殼斗科、福州杉、杜鵑、榕樹等樹上，大部分附生在宿主頂端的小枝幹及細枝條上，偶有附生在斜生的大樹幹上。

海拔高度｜ 100 公尺至 800 公尺。

賞 花 期｜ 1 月至 5 月。

分布區域｜ 目前已知分布地為恆春半島、台東南端、南投魚池鄉。魚池鄉分布於海拔 600 至 800 公尺的次生林或人工林內，其生長環境為溪谷或湖泊兩側富含水氣的山坡地，附生樹種為福州杉、肖楠及杜鵑。恆春半島、台東南端的生育地皆為河谷地形，主要是靠河水的上升水氣生長，所以均長在離河水十公尺內的樹上，大都附生在宿主的小枝條上，附生宿主以山黃梔及江某最多，亦曾見到附生在九芎樹的大樹幹上，但該附生處是九芎樹橫向樹幹的上方，此區的生育地海拔偏低，大多在海拔 200 公尺以下。

外部特徵｜ 莖短，葉二裂互生，長橢圓形，類似台灣風蘭，但較寬較硬挺，最大特徵為其花序梗細長且筆直，最長可達葉片的兩倍，花序軸膨大不明顯，宿存的鞘狀苞片極短。花簇生於花序的頂端，在花季期間分批開放，唇瓣囊袋半卵形，內側先端密被白毛，花苞約於早上 8 點開始裂開，9 點左右才展開，約於下午 4 點左右閉合。

1 宿存之鞘狀苞片極短，花簇生於花序之頂端，在花季期間內分批開放。

2 開花前一天之花苞。

3 花於早上展開，下午閉合，花壽僅半天。

4 莖短，葉二裂互生，長橢圓形，類似台灣風蘭，但較寬較硬挺，最大特徵為其花序梗細長且筆直，最長可達葉片的兩倍，尾端及花序軸膨大不明顯。

異色瓣 *Thrixspermum eximium*

同物異名｜ 異色風蘭、異色風鈴蘭。

屬　性｜ 附生蘭，附生樹種不拘。

海拔高度｜ 宜蘭境內高度約 600 公尺至 800 公尺，南部海拔高度約 900 公尺至 1,500 公尺。

賞 花 期｜ 3 月至 5 月。

分布區域｜ 已知分布地在台灣東半部，均位於東北季風盛行區內，北端在宜蘭，南端在屏東及台東，環境為空氣含水量豐富的山坡地或稜線上。南端的族群大多是附生在大野牡丹及柳杉樹上，至於宜蘭境內的附生樹種則以山龍眼為主。

外部特徵｜ 葉長橢圓形，與金唇風蘭及高士佛風蘭均十分相似。花序梗約與葉長等長，開花點密集生於花序梗頂端，一枝花序約可開十餘朵花，在花季期間陸續開花，每隔數天或十幾天開花一次，每次開花約一至二朵，開花時同一區塊的植株均同一天開花或前後連續兩天開花，單朵花壽命只有半天，早上開花，下午閉合。花白色，唇瓣囊狀，內側黃色，具橫向紋路，先端內面左右各具一簇粗毛，粗毛後方具兩片縱向凸起之片狀稜脊，稜脊左右各具一牙齒狀肉凸。花不轉位，一個花序成功結果後，該花序即停止開花。

1　花白色，花不轉位，花序梗約與葉長等長。

2　唇瓣囊狀，內側黃色，具橫向紋路，先端內面左右各具一簇粗毛，粗毛後方具兩片縱向凸起之片狀稜脊，稜脊左右各具一牙齒狀肉凸。

3　開花點密集生於花序梗頂端，一枝花序約可開十餘朵花，在花季期間陸續開放，每隔數天或十幾天開花一次，每次開花約一至二朵。

4　葉長橢圓形，與金唇風蘭及高士佛風蘭均十分相似。

金唇風蘭 *Thrixspermum fantasticum*

同物異名｜ 金唇風鈴蘭。

屬　　性｜ 附生蘭，中低位附生，常見附生樹種有杜鵑、柳杉、園藝種茶樹、水同木、果樹枇杷及番石榴等。

海拔高度｜ 200 公尺至 1,100 公尺。

賞 花 期｜ 3 月至 5 月。

分布區域｜ 新北市、宜蘭、恆春半島。

外部特徵｜ 葉長橢圓形，葉尖微凹陷。

花序梗約與葉長等長，開花點密集生於花序梗頂端，一枝花序約可開十餘朵花，在花季期間陸續開放，每次開花約一至二朵，開花時同一區塊的植株均同一天開花。花白色，不轉位，唇瓣囊狀具不規則黃色斑塊。一個花序成功結果後，該花序即停止開花。

1　花白色，不轉位，唇瓣囊狀具不規則黃色斑塊。
2　花序梗約與葉長等長。
3　開花點密集生於花序梗頂端，一枝花序約可開十餘朵花，
　　在花季期開陸續開放，每次開花約一至二朵。
4　葉長橢圓形，葉尖微凹陷。

台灣風蘭 *Thrixspermum formosanum*

同物異名｜ 台灣風鈴蘭、參實蘭。

屬　　性｜ 附生蘭，中低位附生，常見附生樹種有杜鵑、茶樹、柳杉、龍柏、梅樹、各種藤蔓，幾乎各種樹種均能附生，連樹皮光滑的九芎也見過附生的植株。

海拔高度｜ 100 公尺至 1,800 公尺。

賞花期｜ 2 月至 7 月，以 3 月至 4 月最佳。

分布區域｜ 台灣全島均有分布，喜陽光充足及水氣多的環境，因此最常見的區域是河流的兩岸樹木上，其次是迎風坡水氣充足的地區。庭園植栽上常發現大量族群生長，中南部的果樹上也有大量族群。

外部特徵｜ 葉線形硬挺，外形近似白毛風蘭，恆春半島所生葉形較寬，與白毛風蘭相若，但大體上葉寬較白毛風蘭窄。花序梗約與葉等長或稍長，白毛風蘭的花序梗長度則約葉長的兩倍。開花點密集生於花序梗頂端，一枝花序約可開十餘朵花，在花季期間陸續開花，每次開花約一至二朵，開花時同一區塊的植株均同一天開放，早上開花，下午閉合，偶有前一天傍晚即展開的花，花壽僅一天。花白色，唇瓣囊狀，具紅色或黃色斑塊，花不轉位，具香氣，一個花序結果成功後，仍會繼續開花，花序軸膨大，宿存苞片明顯。

1　花白色，唇瓣囊狀，具紅色或黃色斑塊，花不轉位。
2　花序軸膨大，宿存鞘狀苞片明顯。
3　葉線形硬挺，一個花序結果成功後，仍會繼續開花。
4　恆春半島所生葉形較寬，與白毛風蘭相若，花序軸可萌蘗新植株。

黃蛾蘭 *Thrixspermum laurisilvaticum*

同物異名｜ 新竹風蘭、新竹風鈴蘭；
Thrixspermum pygmaeum。

屬　　性｜ 附生蘭，中低位附生，附生不分宿主，常見的附生宿主有杜鵑、柳杉、肖楠等。

海拔高度｜ 800 公尺至 2,000 公尺。

賞 花 期｜ 2 月底至 4 月底，以 3 月中旬至 4 月上旬最佳。

分布區域｜ 已知分布區域有新北市、桃園、新竹、苗栗、宜蘭、花蓮、台東、南投、嘉義等地，喜歡迎風坡水氣充足的地方，北部霧林帶及東海岸的霧林帶是賞花好地方。

外部特徵｜ 葉長橢圓形，與小白蛾蘭極為相似。一棵植株有數個花序，花序梗與葉長相若或稍長，花疏生，開花時花序先端花先開，基部稍晚展開。單朵花壽命約一星期，所以常看見黃蛾蘭整棵有數十朵花同時開花。花黃色或淡黃色，北部花色為黃色，花東地區為淡黃色，唇瓣囊狀，內側具橫向紫色條紋。另花東地區的花，有少部分蕊柱腳縱向捲成筒狀，不知生態上有何演化上的意義。

1 常看見黃蛾蘭整棵有數十朵花同時開放。
2 葉長橢圓形，花序梗與葉長相若或稍長，一棵植株有數個花序，花疏生。
3 花黃色，唇瓣囊狀，內側具橫向紫色條紋。
4 開花時花序先端花先開，花序基部花稍晚展開。
5 花東地區的花，有少部分蕊柱腳縱向捲成筒狀。
6 花東地區為淡黃色。

高士佛風蘭 *Thrixspermum merguense*

同物異名｜ 高士佛風鈴蘭。

屬　　性｜ 附生蘭，高位附生，附生於樹頂的細枝條，只見過附生於桑科榕屬的水同木、白榕、小葉桑及獼猴桃科水冬瓜 *Saurauia oldhamii* 等少數樹種，其中小葉桑及水冬瓜只見過一次，所以其宿主幾乎都是水同木及白榕，僅有少數例外。

海拔高度｜ 200 公尺至 800 公尺。

賞 花 期｜ 4 月至 10 月，南部地區可能全年都會開花。

分布區域｜ 喜陽光及水氣充足的地區，太平洋東岸從台東南端至宜蘭南端，沿河流兩岸或海岸迎風坡水氣充足地區的樹上。

外部特徵｜ 葉長橢圓形。花序梗比葉短，花序軸亦短，開花點密集生於花序頂端，一枝花序可開多朵花，在花季期間陸續開花，每次開花約一至二朵，開花時同一區塊的植株均同一天開花。花黃色，唇瓣囊狀，內部具縱向紅色條紋，先端被毛，花不轉位，早上花開，下午即閉合。

1　花黃色，唇瓣囊狀，內部具縱向紅色條紋，先端被毛，花不轉位。
2　花序軸短，開花點密集生於花序頂端，間隔極短，一枝花序約可開多朵花，在花季期間陸續開花，每次開花約一至二朵。
3　葉長橢圓形，花序梗比葉短，開花時同一區塊之植株均同一天開花。
4　長滿果莢的植株，時間為 9 月下旬。

懸垂風蘭 *Thrixspermum pensile*

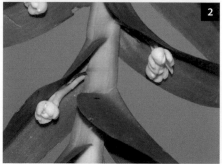

同物異名 | 倒垂風蘭、懸垂風鈴蘭。

同物異名 | 附生蘭，高位附生。

海拔高度 | 200 公尺至 1,100 公尺。

賞 花 期 | 花期不定，大致為 8 月至次年 2 月。

分布區域 | 主要分布地區為恆春半島至台東及花蓮地區，南投竹山及嘉義南部與高雄地區亦有分布。附生於河流兩側高大喬木樹冠層頂端，尤以大樹的枝幹最常見，喜空氣溼潤流通良好的環境。

外部特徵 | 莖懸垂，扁平，可長達一公尺餘。花序自莖側抽出，一次可開一至多個花序，一個花序大多為二朵花，少數有三朵花，花大都同一天開出，單朵花壽僅半天時間，一年僅開花數次。

1 一個花序大多為二朵花。
2 花序自莖側抽出，一次可開一至多個花序。
3 果莢。
4 莖懸垂，扁平，可長達一公尺餘。
5 附生於河流兩側高大喬木樹冠層頂端。

小白蛾蘭 *Thrixspermum saruwatarii*

同物異名丨 溪頭風蘭、溪頭風鈴蘭。

屬　　性丨 附生蘭，中低位附生，無特定附生宿主，較易賞花的附生宿主有杜鵑花、水同木、梅樹等。

海拔高度丨 200 公尺至 1,600 公尺。

賞 花 期丨 2月至4月，2月底至3月中為最佳。

分布區域丨 新北、台中、南投、嘉義、高雄、屏東、宜蘭、花蓮、台東等低中海拔地區，原始林、次生林、果園、遊樂區均可發現。最北端觀察到的生育地在宜蘭大同鄉及新北市三峽區，三峽地區觀察到海拔高度只有200公尺的生育地。風蘭屬中本種是比較耐旱的物種，因此能分布在冬季缺雨的南投、嘉義等地，花期西部南北差距不大，但宜花地區略晚。

外部特徵丨 莖短，葉長橢圓形，若無人為干預，常聚生成叢。花序自莖側抽出，單株可同時抽出多個花序，花序軸隨花期漸次伸長，花疏生，單個花序可同時有多朵花開放，單朵花壽命有數天之久，因此在花季可看到數十朵花以上同時開花的盛況。花白色，萼片及側瓣兩面具淡紫色縱向紋路，唇瓣內側具橫向紫色條紋。在風蘭屬中，本種是根系最為發達的，可能是此種特徵而造就本種較能適應乾旱的氣候。

1　花序自莖側抽出，花序軸隨花期漸次伸長，花疏生。
2　花白色，萼片及側瓣兩面具淡紫色縱向紋路，唇瓣內側具橫向紫色條紋。
3　莖短，葉長橢圓形，若無人為干預常聚生成叢。
4　單株可同時抽出多個花序，單個花序可同時有多朵花開放，單朵花壽命有數天之久，因此在花季可看到數十朵花以上同時開放之盛況。

厚葉風蘭 *Thrixspermum subulatum*

同物異名｜ 肥垂蘭、厚葉風鈴蘭。

屬　　性｜ 附生蘭，中高位附生。

海拔高度｜ 700 公尺以下。

賞 花 期｜ 3 月初至 4 月底，開花的最重要因素是雨季，生育地是冬季乾旱的區域，每年春雨過後才會啟動開花機制，所以其第一批花和春雨的早晚有很大關係，如果春雨來得早，花就會開得較早。

分布區域｜ 南投南端、高雄、屏東、台東等地，生長在溪谷兩岸的大樹上，此區域冬季乾旱，懸垂風蘭是靠溪谷的水氣才能渡過乾季。

外部特徵｜ 莖下垂，葉肥厚，故有肥垂蘭的別稱。花序自莖側面抽出，一枝條可抽數個花序，花序梗短，和花的子房約略等長，花密集生於花序頂端，於花期內分數次陸續開花，一個花序一次約可開一至四朵花。花淡黃色，唇瓣成囊狀，外側為黃色，單朵花壽僅一天，結果後仍可繼續開花。

1 花淡黃色，唇瓣成囊狀，外側為黃色。
2 花序梗短，和花之子房約略等長，花密集生於花序頂端，於花期內分數次陸續開花，一個花序一次約可開一至四朵花。
3 不同日期開花之兩批花苞，大花苞是開花前一日之情況。
4 莖下垂，葉肥厚，故有肥垂蘭之別稱，花序自莖側面抽出，一枝條可抽數個花序。
5 結果後仍可繼續開花。
6 最下一朵花具訪花者，可能非蟲媒。

豹紋蘭 *Trichoglottis luchuensis*

同物異名｜ 屈子花。

屬　　性｜ 附生蘭。

海拔高度｜ 800 公尺以下。

賞 花 期｜ 3 月至 5 月。

分布區域｜ 台灣全島及蘭嶼低海拔山區，長在河谷兩旁大樹或季風帶迎風山坡的大樹上，喜潮溼及空氣流通良好的環境。

外部特徵｜ 附生於大樹幹上，通常莖直立，莖不長根，葉尖不凹陷。葉硬革質兩列互生，基部具關節。花序梗圓柱形，自莖側抽出，常有分枝。花淡黃色，被紅褐色斑塊，蕊柱與唇瓣間具舌狀附屬物，蕊柱唇瓣及附屬物均被毛。本種在未開花時外形與虎紋隔距蘭相似，但可觀察「莖是否長氣生根」及「葉尖是否深裂凹陷」可資分別。

1 附生於大樹幹上，通常莖直立，葉硬革質兩列互生，基部具關節，莖不長根。

2 花淡黃色，被紅褐色斑塊，蕊柱與唇瓣間具舌狀附屬物，蕊柱唇瓣及附屬物均被毛。

3 花莖圓柱形，自莖側抽出，常有分枝。

4 葉尖不凹陷。

鳳尾蘭 *Trichoglottis rosea*

同物異名｜短穗毛舌蘭。
屬　　性｜附生蘭，中高位附生。
海拔高度｜500 公尺以下。
賞 花 期｜3 月至 4 月。
分布區域｜恆春半島沿太平洋東岸至宜蘭縣，大部分族群分布在恆春半島及台東南端，喜空氣潮溼及流通良好的環境。

外部特徵｜根系發達，莖叢生懸垂，若年代夠久，可長達近二公尺，一叢植株有高達數十枝懸垂莖。花序自莖側抽出，一懸垂莖同時有多個花序抽出，並同時開花，一個花序可開數朵花至十餘朵花，因此花的數量非常多。花白色，唇瓣及蕊柱具紫暈，開花時，整叢植株布滿白紫相間的花朵，十分壯觀。

1　花白色，唇瓣及蕊柱具紫暈。
2　根系發達。
3　莖叢生懸垂，若年代夠久，可長達近二公尺，一叢植株有高達數十枝懸垂莖，開花時，整叢植株布滿了白紫相間的花朵，十分壯觀。
4　花序自莖側抽出，花序多分枝，一懸垂莖同時有多個花序抽出，並同時開花，一個花序可開數朵至十餘朵花。

管唇蘭屬／紅頭蘭屬 *TUBEROLABIUM*

紅頭蘭 *Tuberolabium kotoense*

同物異名｜ 管唇蘭。

屬　　性｜ 特有種，附生蘭。

海拔高度｜ 400 公尺以下。

賞 花 期｜ 11 月至次年 1 月。

分布區域｜ 僅分布於蘭嶼，生於溪谷兩旁及迎風山坡的樹林內，附生於較大的樹幹上，尤以溪谷兩旁空氣富含水氣的環境較多。

外部特徵｜ 莖甚短，葉兩列互生，植株未開花時外形與較小的台灣蝴蝶蘭相似，葉與葉間距甚小。花序自莖側抽出，單株一至五個花序，一個花序數十朵至近百朵花，花甚小白色，有香氣，唇瓣中裂片被紫色斑塊，側裂片及蕊柱兩側紅色。

1　花甚小白色，有香氣，唇瓣中裂片被紫色斑塊，側裂片及蕊柱兩側紅色。

2　一個花序數十朵至近百朵花。

3　花序自莖側抽出。

4　莖甚短，葉兩列互生，植株未開花時外形與較小之台灣蝴蝶蘭相似，葉與葉間距甚小，單株一至五個花序。

雅美萬代蘭 *Vanda lamellata*

屬　　性	地生、岩生或附生。
海拔高度	200 公尺以下。
賞 花 期	2 月至 3 月。

分布區域｜僅分布於蘭嶼，生於低海拔樹冠層頂端或長在向陽的岩壁上，常可見成群生長，可接受強光照射，當地終年受海風吹襲，因此氣候溫暖潮溼。

外部特徵｜葉兩列密互生，葉基具關節。花序自葉腋抽出，本種在蘭嶼有兩種形態，兩種植株完全相同，但花色則有所不同，在蘭嶼西北部的族群，除唇瓣尾端半部為淡紫色外，萼片及側瓣為白色至淡黃色；而在蘭嶼東南部的族群除唇瓣尾端半部為淡紫色相同外，唇瓣上端半部、萼片及側瓣則為白色，具深紅色斑塊。

1　在蘭嶼東南部的族群除唇瓣尾端半部為淡紫色相同外，唇瓣上端半部、萼片及側瓣則為白色，具深紅色斑塊。
2　葉兩列密互生，葉基具關節，花序自葉腋抽出。
3　蘭嶼西北部的族群，除唇瓣尾端半部為淡紫色外，萼片及側瓣為白色至淡黃色。
4　訪花者，非蟲媒。
5　生於樹冠層頂端。
6　常可見成群生長。

梵尼蘭屬 VANILLA

台灣梵尼蘭 *Vanilla somae*

屬　　性｜小時地生，長大後攀緣樹幹，亦有很多是攀緣岩石。

海拔高度｜1,200 公尺以下。

賞 花 期｜3 月底至 4 月底，單朵花壽命甚短，因此賞花期不長。果實成熟期約需將近一年。

分布區域｜台灣全島低海拔林下均有分布，但以苗栗以北較多，大都生於闊葉林或桂竹林下，常長在疏林下或道路兩旁的樹木上。幼株時是地生，但長大後即攀緣樹幹、竹幹或岩石往上生長，

到最後頂端可能無法再往上攀緣而變成懸垂生長，因此在郊區常可見樹幹上垂下一叢叢台灣梵尼蘭的植株。亦有少部分植株可能因為氣候乾燥造成底層部位枯死，剩下在較高位仍活著變附生。

外部特徵｜莖圓柱藤蔓狀，甚長，具莖節，莖節處一邊長根，相對邊長葉，葉互生長卵形，莖節長度約等於葉寬，攀緣附生或懸垂，花序自葉腋抽出，常有不規則分枝延伸多個開花點或筆直

1　單一開花點每次開花多為二朵，同時開放或僅差一天，萼片及側瓣黃綠色，唇瓣白色具紅橙色暈，包覆成圓筒狀，唇瓣內面具兩排長滿粗肉刺之稜脊。

2　開花差一天之花序。

3　開花點為多年生，可持續多年開花。

4　莖圓柱藤蔓狀，甚長，具莖節，莖節處一邊長根，相對邊長葉，葉互生長卵形，莖節長度約等於葉寬，攀緣附生或懸垂。

延伸多個開花點，開花點為多年生，可持續多年開花。單一開花點每次開花多為二朵，多為同時開放或少數僅差一天。萼片及側瓣黃綠色，唇瓣白色具紅橙色暈，包覆成圓筒狀，唇瓣內面具兩排長滿粗肉刺的稜脊。果長圓柱狀，成熟後爆裂流出乳白色果汁及黑色種子。

本種通常看到的結果率偏低，很少看到果莢，但我有一次在遠離開墾地的地方，看到本種結果甚多，為何如此，推側可能與訪花的蟲媒有關，如有訪花的蟲媒則結果率會高。我在當地雖未看到訪花蟲媒，但有發現一個蛾的繭，就掛在台灣梵尼蘭的枯葉上，外形有一點像成熟的果莢，讓我想到此種蛾會不會以台灣梵尼蘭為食草，並將繭擬態成宿主的果莢，極可能就是台灣梵尼蘭的傳粉者或種子的傳播者，兩者互利共生，結果如何還需更進一步觀察研究。

5　花序自葉腋抽出，常有不規則分枝延伸多個開花點或筆直延伸多個開花點。
6　果長圓柱狀，成熟後爆裂流出乳白色果汁及黑色種子。

earth 024

台灣附生植物與它們的產地

作　　者／徐嘉君，余勝焜
企畫選書／辜雅穗
責任編輯／辜雅穗

總 編 輯／辜雅穗
總 經 理／黃淑貞
發 行 人／何飛鵬
法律顧問／台英國際商務法律事務所　羅明通律師
出　　版／紅樹林出版
　　　　　臺北市中山區民生東路二段 141 號 7 樓
　　　　　電話：(02) 2500-7008　傳真：(02) 2500-2648
發　　行／英屬蓋曼群島商家庭傳媒股份有限公司城邦分公司
　　　　　聯絡地址：台北市中山區民生東路二段 141 號 2 樓
　　　　　書虫客服服務專線：(02) 25007718・(02) 25007719
　　　　　24 小時傳真服務：(02) 25001990・(02) 25001991
　　　　　服務時間：週一至週五 09:30-12:00・13:30-17:00
　　　　　郵撥帳號：19863813　戶名：書虫股份有限公司
　　　　　讀者服務信箱 email：service@readingclub.com.tw
　　　　　城邦讀書花園：www.cite.com.tw
　　　　　香港發行所／城邦（香港）出版集團有限公司
　　　　　地址：香港灣仔駱克道 193 號東超商業中心 1 樓
　　　　　email：hkcite@biznetvigator.com
　　　　　電話：(852)25086231　傳真：(852) 25789337
　　　　　馬新發行所／城邦（馬新）出版集團 Cité(M)Sdn. Bhd.
　　　　　41, Jalan Radin Anum, Bandar Baru Sri Petaling,
　　　　　57000 Kuala Lumpur, Malaysia.
　　　　　電話：(603) 90578822　　傳真：(603) 90576622
　　　　　email:cite@cite.com.my

封面設計／李東記
內頁設計／葉若蒂
印　　刷／卡樂彩色製版印刷有限公司
經 銷 商／聯合發行股份有限公司
　　　　　電話：(02)291780225　傳真：(02)29110053

2023 年 6 月初版　　　　　　　　　　　　　　　　Printed in Taiwan
定價 750 元
ISBN 978-626-96059-8-9

國家圖書館出版品預行編目 (CIP) 資料

台灣附生植物與它們的產地 / 徐嘉君，余勝焜著 . -- 初版 . -- 臺北市：紅樹林出版：
英屬蓋曼群島商家庭傳媒股份有限公司城邦分公司發行 , 2023.06
304 面；17X23 公分
ISBN 978-626-96059-8-9(平裝)

1.CST: 植物圖鑑 2.CST: 臺灣

375.233　　　　　　　　　　　　　　　　　　　112003621